U0192719

项目类别：吉林省教育厅科学技术研究项目
项目名称：基于 DEM 与 MBD 耦合算法的自激振动深松机工作过程仿真分析
项目编号：43224
项目类别：校级教育教学研究重点课题
项目名称：新农科背景下虚拟仿真技术在《机械设计》实验教学中的探索与实践
项目编号：202007
项目类别：吉林省教育科学研究院
项目名称：地方高等农业院校应用型人才培养体系建设及保障机制研究
项目编号：GH20141

制造数字化：
CAD/CAE 核心技术及其应用

袁　军◎著

中国原子能出版社

图书在版编目 (CIP) 数据

制造数字化：CAD/CAE 核心技术及其应用 / 袁军著.
-- 北京：中国原子能出版社，2021.11
ISBN 978-7-5221-1662-4

Ⅰ . ①制… Ⅱ . ①袁… Ⅲ . ①计算机辅助设计②计算机辅助分析 Ⅳ . ① TP391.7

中国版本图书馆 CIP 数据核字（2021）第 227556 号

内 容 简 介

本书具体阐述了 CAD/CAE 核心技术及其应用的相关问题。全书共分八章，内容包括：CAD/CAE 技术概论、图形处理、曲线曲面建模技术、三维实体建模技术、特征建模及装配建模、CAE 技术基础、CAE 系统的应用以及 CAD/CAE 在机械设计中的应用。随着市场竞争的日趋激烈，以 CAD/CAE 技术为代表的现代先进设计、制造技术在我国的应用推广进程会进一步加快。在这种背景下，如何及时深入、全面地掌握 CAD/CAE 技术，就成为摆在工程技术人员面前的重要任务。本书结合数字化设计制造技术的最新发展和应用需要，阐述了 CAD/CAE 技术的理论知识与应用技术，同时也反映了近年来 CAD/CAE 技术发展的新动向。本书可供机械设计及相关专业的工程技术人员参考使用。

制造数字化：CAD/CAE 核心技术及其应用

出版发行   中国原子能出版社（北京市海淀区阜成路 43 号 100048）
责任编辑   潘玉玲
责任校对   冯莲凤
印　　刷   三河市德贤弘印务有限公司
经　　销   全国新华书店
开　　本   710 mm × 1000 mm　　1/16
印　　张   14.875
字　　数   236 千字
版　　次   2022 年 3 月第 1 版　2022 年 3 月第 1 次印刷
书　　号   ISBN 978-7-5221-1662-4　　定　　价   128.00 元

网　　址：http://www.aep.com.cn　　　E-mail:atomep123@126.com
发行电话：010-68452845　　　　　　　版权所有　侵权必究

前　言

　　CAD/CAE 技术是当代科学技术发展最为活跃的领域之一,是产品更新、生产发展、国际经济竞争的重要手段,它们从根本上改变了传统的设计、生产、组织模式,在各个领域获得迅速推广应用,对于推动企业的技术改造、带动整个产业结构的变革、发展新兴技术、促进经济增长都具有十分重要的意义。CAD/CAE 技术的应用水平已经成为衡量企业综合实力的重要标志,它们的应用和发展引起了社会和生产的巨大变革。

　　随着市场竞争的日益激烈及全球市场的形成,以及快速的产品更新换代、越来越高的产品性能价格比,对制造业来说,21 世纪企业竞争的核心将是新产品的开发能力及制造能力。CAD/CAE 技术是提高产品设计质量、缩短产品开发周期、降低产品生产成本的强有力手段,因此,国内外企业对 CAD/CAE 技术的发展及应用都十分重视。世界上许多国家和企业都把发展 CAD/CAE 技术确定为本国制造业的发展战略,制定了很多由政府或工业界支持的计划,借以推动 CAD/CAE 技术的开发与应用。作为一个发展中国家,我国也非常重视 CAD/CAE 技术的研究和发展,通过 30 多年的努力,特别是近 10 年来的努力,CAD/CAE 技术已经广泛应用于机械、电子、航空、航天、汽车、船舶、纺织、轻工及建筑等各个领域,它的应用水平已成为衡量我国技术发展水平及工业现代化水平的重要标志之一。可以预料,随着市场竞争的日趋激烈,以 CAD/CAE 技术为代表的现代先进设计、制造技术在我国的应用推广进程会进一步加快。在这种背景下,如何及时深入地、全面地掌握 CAD/CAE 技术,就成为摆在工程技术人员面前的重要任务。

　　本书内容新颖,体系完整,系统性强,注重基本原理、方法和典型应用的介绍,并力求反映机械 CAD/CAE 技术最新的发展趋势。全书分为 8 章,本着由浅入深、循序渐进及通俗易懂的指导思想与原则,从机械

CAD/CAE 技术的基本概念开始介绍，对图形处理、曲线曲面建模技术、三维实体建模技术、特征建模及装配建模、CAE 技术基础、CAE 系统的应用进行阐述，同时对 CAD/CAE 在农业机械设计中的应用通过实例进行说明。作者在内容的取舍上重点突出，着重满足工程应用的需要；对基本概念和基本理论的阐述简明扼要、清晰透彻，便于读者掌握应用。本书力争使广大读者对机械 CAD/CAE 技术的基本应用有一较全面的了解，为进一步学习机械 CAD/CAE 技术打下基础。

本书凝聚了作者的智慧、经验和心血，在撰写过程中，参考了大量的书籍、专著和文献，引用了一些图表和数据等资料，在此向这些专家及文献作者一并表示衷心的感谢。由于作者水平有限以及时间仓促，书中难免存在一些不足之处，敬请广大读者和专家批评指正。

作　者

2021 年 9 月

目　录

第1章

机械 CAD/CAE 技术概论

计算机技术与数值计算技术、机械设计相互渗透与结合,产生了计算机辅助设计与计算机辅助工程这样一门综合性的应用技术。这种利用计算机来达到高效化、高精度化的目的,实现自动化设计、数值模拟计算的方法分别称为 CAD(Computer Aided Design,计算机辅助设计)、CAE (Computer Aided Engineering,计算机辅助工程)技术。

1.1 机械 CAD/CAE 基本概念

1.1.1 CAD 技术

CAD 是面向产品设计或者工程设计,使用计算机系统辅助设计者进行建模、修改、分析和优化的技术。具体来说,是在人和计算机组成的系统中,以计算机为辅助工具,通过人机交互方式进行产品设计构思和论证、产品总体设计、技术设计、零部件设计、有关零件分析计算(包括强度、刚度、热、电、磁的分析和设计计算等)、零件加工图样的设计和信息的输出,以及技术文档和有关技术报告的编制等,以达到提高产品设计质量、缩短产品开发周期、降低产品成本的目的。CAD 系统功能模型如图 1-1 所示。

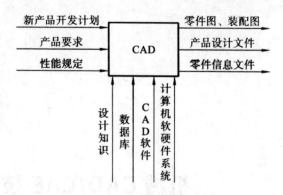

图 1-1　CAD 系统功能模型

它是随着计算机的出现而兴起的一门多学科综合应用的技术，主要包含以下两个方面。

（1）产品或者工程几何外形的计算机描述、编辑和显示。例如，在计算机内部采用某种方式表示和显示一个立方体，或某个零件的外形，或某架飞机的外形；采用一定的方法对工件的外形根据需要进行修改；对于计算机中的几何模型，以某种方式显示在计算机屏幕上使得用户以最直观的视觉方式获得关于零件的尽可能多的信息，包括零件的显示颜色、放置方位和尺寸标注等。

这方面的内容为 CAD 软件的研发人员和相关科研人员所重视。他们通常在工程应用需求的基础上，综合相关学科的知识（例如，微分几何、解析几何、计算几何、数学分析、线性代数，以及某些特定学科的专业知识），设计一定的算法（例如曲线和曲面的构造算法），再用相关计算机语言写成程序模块，最后在诸多程序模块的基础上形成面向某些特定领域的 CAD 软件或者通用 CAD 软件。

目前，CAD 软件的研发分工已经非常精细，一般可以划分为两个主要领域：几何核心的开发和面向工程需求的软件开发。几何核心开发的一个主要内容是基于几何造型理论设计相关算法（例如曲线、曲面的等距，求交和裁剪的算法），再用计算机语言编程形成函数库。现在常用的几何核心有：Parasolid、ACIS 和 OpenCASCADE。Parasolid 为 UG、SolidWorks、CAXA 等 CAD 软件所用；ACIS 为 AutoCAD、CATIA 等软件所用；与前两款几何核心相比，Open-CASCADE 是开源、免费的函数库，可以用来开发中、小型软件。几何核心是 CAD 软件最重要的组成部分，决定着 CAD 软件的性能。面向工程需求的 CAD 软件运行的基本过程是：通过用户交互构造几何核心中相关函数所需要的运行条件，再调用这些函数进行计算，从而建立和修改所需要的工程对象的几何模型。

（2）以描述某个具体有形的对象（如工件、建筑物、服饰、动画形象等）为目的，利用相关的软件进行绘图或者建立三维的几何模型。例如，利用 AutoCAD 绘制工程图，利用 CATIA 软件建立某个零件的三维模型，利用 3DMAX 软件建立某个动画形象的三维模型等。

这方面的内容是某些特定领域的工程技术人员需要掌握的技能。例如，机械工程领域的相关人员可能需要熟练掌握 UG 或者 CATIA 的用法，土木工程领域的技术人员则需要利用 AutoCAD 软件绘制工程图，服装设计师则可能需要利用 DressAssistant 软件完成某款时装的设计和修改。这些特定工程技术领域的人员通常不需要掌握软件几何核心的基础理论 . 也无须编写开发软件，他们只需要掌握这些软件的用法，完成他们所构想的几何模型的设计即可。

1.1.2 CAE 技术

CAE 是指利用计算机辅助进行工程模拟分析、计算，主要包括有限单元分析法、有限差分法、最优化分析方法、计算机仿真技术、可靠性分析、运动学分析、动力学分析等内容，其中有限单元分析法在机械 CAD/CAE 中应用最为广泛。CAE 的主要任务是对机械工程、产品和结构未来的工作状态和运行行为进行仿真，及时发现设计中的问题和缺陷，保证设计的可靠性，实现产品设计优化，缩短产品开发周期，提高产品设计的可靠性，节省产品研发成本。CAE 技术是以现代计算力学为基础，以计算机数值计算、仿真为手段的工程分析技术。CAE 技术已成为机械 CAD/CAE 技术中不可或缺的重要环节。

1.1.3 机械 CAD/CAE 概念

机械 CAD/CAE 技术就是通过计算机及图形输入 / 输出设备进行机械产品的交互设计，并建立产品的数字模型，然后在统一的产品数字模型下进行结构的计算分析、性能仿真、优化设计、自动绘图。

机械 CAD/CAE 应包括如下几个方面的内容。

（1）建立机械产品所有零部件及各级部件和整机的三维 CAD 模型，并使三维模型参数化，适合于变形设计和部件模块化设计。

（2）与三维 CAD 模型相关联的二维工程图。

（3）部件和整机的三维 CAD 模型能适合运动分析、动力分析和优化设计。

（4）机械 CAD/CAE 的过程就是基于三维 CAD 的产品开发体系建立的过程，要形成基于三维 CAD 的 PDM（Product Data Management，产品数据管理）结构体系。

1.2 机械 CAD/CAE 技术的发展

目前 CAD、CAE 技术都已发展到相当实用的水平。发达国家竞相推出其成熟的商品化软件，对 CAD、CAE 技术在各自领域内的发展起到了相当重要的促进作用。

1.2.1 机械 CAD/CAE 技术的发展历史

1.2.1.1 机械 CAD 技术的发展历史

CAD 技术最基本的任务是在计算机系统中建构和修改产品的几何模型，因此，CAD 技术起源于计算机交互式图形学。计算机辅助设计技术的发展历史与计算机技术的发展密切相关。1946 年，美国麻省理工学院（MIT）研制成功了世界上第一台电子计算机，它的高速运算能力和大容量的信息存储能力，使得很多数值分析方法能在计算机上完成。之后，人们不断将计算机技术引入设计制造领域。1963 年，美国麻省理工学院的研究生 I. E. Sutherland 在其论文《人机对话图形通信系统》中首次提出了计算机图形学、交互技术及图形符号的存储采用分层的数据结构等思想，对 CAD 技术的应用起到了重要的推动作用。同时研制成功了世界上第一套实时交互功能的二维 SKETCHPAD 系统。该系统允许设计者操作光笔和键盘,在荧光屏上显示图形。实现人机交互作业。这项成果标志着 CAD 技术的诞生,为以后 CAD 技术的发展提供了基本条件和理论基础。

20 世纪 60 年代末期到 70 年代中期是 CAD 技术的发展阶段。这一时期计算机硬件的性价比不断提高;数据库管理系统等软件陆续开发;以小型和超级小型计算机为主机的 CAD 系统进入市场并形成主流,当时的 CAD 技术还是以二维绘图和三维线框图形系统为主。美国工业界开始广泛使用交互式绘图系统。

20 世纪 80 年代,CAD 技术得到迅速发展。超大规模集成电路的出现,使计算机硬件成本大幅下降,计算机外围设备已成系列产品,为推进 CAD 技术向高水平发展提供了必要的条件。同时,相应的软件技术如数据管理技术的推广和应用,使其从大中型企业向小企业扩展,从发达国家向发展中国家扩展;从用于产品设计扩展到用于工程设计。这一时期,实体造型技术成为主流并走向成熟,大大拓展了 CAD 应用技术领域。

20 世纪 90 年代,CAD 技术向着标准化、集成化、智能化、网络化、并行化和虚拟化的方向发展。为实现系统的集成,资源共享产品生产与组织管理高度自动化,提高了产品的竞争能力,让企业、集团内的 CAD/CAE 系统之间或各个子系统之间进行统一的数据交换。一些工业先进国家和国际标准化组织都在从事标准接口的开发工作。

(1)二维绘图和三维线框造型。

20 世纪 60 年代是 CAD 技术的萌芽时期。这一时期的机械 CAD 软件为简单的线枢造型系统,此时的 CAD 系统仅仅是手工绘图板的替代工具,同时,须使用大型计算机,硬件支持系统价格昂贵,在一定程度上限制了 CAD 技术的应用。代表性的商用 CAD 系统是洛克希德公司研制的二维绘图系统 CADAM。

(2)三维形体表示方法。

在线框模型发展的同时,人们也在分别尝试使用曲面和基本体素(立方体、圆柱、圆锥等)表示三维形体的方法。在曲面表示三维形体方面,比较有代表性的工作是日本的 TIPS(技术信息处理系统)。TIPS 用代数方程表示机械零件的规则曲面形状。当时的 TIPS 系统已是一个 CAD/CAM 集成系统的原型,可以自动计算零件的质量、惯性矩,自动生成有限元网格，产生数控加工的粗铣和精铣走刀轨迹。在基本体素表示三维形体方面，比较有代表性的工作是美国的 PADL 系统（零件与装配描述语言）。PADL 系统通过基本体素两两相加或相减来产生规则形状的机械零件，这种方法发展成为现在通称的 CSG（构造实体几何）表示法。

1973 年前后，剑桥大学 CAD 实验室开发了用体素表面求交的方法建立几何形体的边界表示法（Boundary Representation, B-rep），并开发了试验系统。B-rep 表示法就是显式表示拼合形体的每张表面的有效边界范围，在体素拼合过程中，求出各个相交表面的交线，并沿交线将参与运算的两个体素的表面进行组合，从而形成一个整体。从 1968 年起至今，在实体造型技术几十年的发展历程中，世界各国曾经提出了各种各样的实现方案，也涌现出品种繁多的商品系统。但是经过应用实践的筛选，B-rep 和 CSG 成为两种非常有代表性的表示法，尤其是 B-rep 表示法，在具有复杂曲面外形的几何形体表示方面具有极大的优势。

（3）三维曲面和实体几何造型。

20 世纪 70 年代末到 80 年代中期是 CAD 技术的第一次重要发展时期。由于工业界强烈的应用需求，曲面造型和实体造型技术获得了快速发展。美国 MIT 的 Coons 和法国雷诺公司的 Bezier 先后提出了新的曲面算法，使得人们可以用计算机处理复杂曲线及曲面问题，1977 年法国达索飞机公司成立一个开发部门，开发出三维曲面造型系统 CATIA，标志着 CAD 建模技术从二维走向三维，同时也使 CAM 技术开发具备了实现的基础，带来了一次 CAD 技术革命。曲面造型带来的技术革新，使飞机、汽车开发手段有了质的飞跃。

实体造型在理论上统一了 CAD/CAE/CAM 的模型表达，它代表着 CAD 技术的发展方向。20 世纪 70 年代末，开始出现早期的实体造型软件，采用基本体素和布尔运算来构造三维模型。1979 年，SDRC 公司推出了世界上第一个完全基于实体造型技术的大型 CAD/ CAE 软件 I-DEAS，标志着 CAD 发展史上的又一次技术革命。这一时期，CAD 系统主要运行在分时大型机、小型机或图形工作站上，软硬件价格仍然昂贵。

（4）参数化特征造型和变化造型。

20 世纪 80 年代末到 90 年代初属于 CAD 第二次重要的发展时期。这一时期单用户计算系统的普及，参数化技术和特征造型技术的发展，使得 CAD 产业格局面临新一轮变革。

在几何建模的过程中，人们发现交互式的绘图方式很不利于几何模型的快速生成，而且几何模型一旦形成，修改起来也很不方便。为了克服这种困难，在 1987 年美国参数化技术公司（简称 PTC）推出了参数化特征造型软件 Pro/Engineer，这在当时的 CAD 界引起了轰动。这种参数化设计方法是先在某一基准面上进行二维草图设计。可以随意设定和修改尺寸标注值，让计算机自动生成正规图；然后通过拉伸命令，将二维轮廓提升为三维柱体；再不断更换作图基准面，以二维轮廓为构架，最后扫成各种曲面形状。这时，设计零件的组成单元不再是单纯的几何体，而是赋以工程语义，例如箱体、凸缘、螺孔、销钉孔等，统称为特征。

基于参数化技术所设计的特征建模技术具有诸多优点，主要体现在：

①突出了基准面的概念。因为一切尺寸标注都需要有计量的参考点，例如在零件图上标注尺寸公差和形位公差，在加工机床上定位毛坯和测量加工精度，在装配中分析装配尺寸链误差和检查工作面配合精度，都要用基准作为参照依据。设计过程中使用的基准面都要明确记录下来，并且给以唯一的标识号。

②特征造型的建模过程实际上是让设计人员在工作面上绘制二维图，再让计算机自动产生三维边界模型。前者继承和发展了线框造型的人机界面优点，后者则隐蔽了实体的拼合过程。凡是添加凸台，一定是加法运算；凡是开出凹槽，一定是减法运算。这是由特征的语义所约定的。

③通过详细记录设计对象的交互构建过程，可以方便地对三维模型进行修改。设计人员可以修改某些尺寸参数，让计算机自动生成更改尺寸后的零件形状。

参数化建模技术和特征建模技术不但为几何模型的修改提供了方便，使设计人员从烦琐的几何元素的形状调整中摆脱出来，而专注于零件的整体形状和性能的构思，而且极大地拓展了基本体素的内涵，扩大了基本体素的范围，为构成几何模型的几何单元赋予了工程含义，使零件的建模过程更加符合工程技术人员的思维习惯。因此，这两种技术已经为现有 CAD 建模软件所普遍接受，成为 CAD 几何建模技术的重要组成部分。

20 世纪 90 年代初期，变量化设计技术出现。SDRC 公司对参数化技术进行研究，发现了许多不足，并以参数化技术为基础，提出变量化设计技术，支持欠约束设计。通过重写 IHDEAS，于 1993 年推出全新 IDEAS Master Series 软件。直至今天，变量化设计技术仍是 CAD 核心技术之一。

（5）知识驱动与协同设计时代。

20 世纪 90 年代中期至今，计算机软 / 硬件技术的快速发展，微机三维 CAD 系统的快速崛起，使 CAD 系统成本大幅度降低，CAD 技术得到迅速普及推广，带来了 CAD 第三次发展高潮。

这一时期，随着几何造型功能的逐渐成熟，CAD 技术的发展开始关注产品设计中广泛涉及的设计知识的应用问题，出现了基于知识的工程（Knowledge Based Engineering，KBE）概念。产品设计中 KBE 应用技术研究包括两个方面：一方面是知识型 CAD 系统的基础理论性研究；另一方面是用 CAD 系统平台开发专门的 KBE 应用系统的研究。目前，CATIA、UG 和 Pro/E 中都有相应的模块支持 KBE 功能。

我国的机械 CAD 技术起步于 20 世纪 70 年代中期，最早应用于航空工业。应用较多的是采用计算机进行一些产品的计算分析。20 世纪 80 年代以来，我国在 CAD 技术应用开发方面实施重点投资，取得了一些成果。近些年来。机械 CAD 技术在我国发展很快，已经进入普及实用阶段。一方面，软件引进力度加强。很多国际流行的 CAD 软件已为广大技术人员所掌握，如 AutoCAD、CATIA、UG、Pro/E、SolidWorks 等；另一方面，国内多家高校、科研院所组织开发的 CAD 系统，有些已达到国际先进水平，如清软英泰、北航 CAXA、华中大的开目、华中大的天喻、艾克斯特、新舟、大天、中望等相关单位开发的 CAD 软件系统在国内市场上都有一定的份额，部分替代了进口的同类 CAD 软件。

1.2.1.2 机械 CAE 技术的发展历史

现代 CAE 技术是指用现代国际通用有限元法 CAE 软件在计算机辅助工程中的技术应用。

第一次正式使用"有限单元"（Finite Element）这一术语并提出这种离散系统分析方法的是美国加州大学伯克利分校的 R.W.Clough 教授（1960 年）。而开发大型通用有限元结构分析程序 SAP 的 K.J.Bathe 教授和 L.Wilson 教授以及有限元法的著名大师、英国皇家学会会员 O.C.Zienkiewicz 教授都十分推崇 Clough 教授在创立有限元法方面所做的杰出贡献。Zienkiewicz 教授则被誉为解决难题的能手，和他齐名的美国 J.T.Odne 教授、R.L.Taylor 教授以及卞学璜教授等都是从工程界出身的，这也正好说明有限元法是工程和数学相结合的产物，应当指出，B.M. Irons 在有限元法方面的贡献也是不可磨灭的，他提出了等参数单元、波前解法以及叠层单元等有重要实用价值的新方法、新概念。

结构分析的有限元方法是由一批学术界和工业界的研究者在 20 世纪 50—60 年代创立的。有限元分析理论已有 100 多年的历史，是悬索桥和蒸汽锅炉进行手算评核的基础。每个单元的特性是通过一些线性方程式来描述的。作为一个整体，单元形成了整体结构的数学模型。尽管梯子的有限元模型低于 100 个方程（即自由度），然而在今天一个小的 ANSYS 分析就可能有 5000 个未知量，矩阵可能有 2 000 000 个刚度系数。

早期 ANSYS 是随计算机硬件而发展壮大的。ANSYS 最早是在 1970 年发布的，运行在价格为 \$100 000 的 CDC、由 Univac 和 IBM 生产的计算机上，它们的处理能力远远落后于今天的 PC 机，一台奔腾 PC 机在几分钟内可求解 5000×5000 的矩阵系统，而过去则需要几天时间。

由于有限元通用程序使用方便，计算精度高，其计算结果已成为各类工业产品设计和性能分析的可靠依据。以 ANSYS 软件为代表，现代 CAE 软件不断吸取计算方法和计算机技术的最新进展，将有限元分析、计算机图形学和优化技术相结合，已成为解决现代工程学问题必不可少的有力工具。

对于机械产品传统的设计过程如图 1-2 所示，由开始的概念设计—详细设计—物理样机—测试，如果满足设计要求，就进行成批加工，否则进入设计循环，不断分析，并通过各种设计瓶颈，试制样机，再测试，合格就进行成批产品生产，周期较长，且成功率低。而现代设计法如图 1-3 所示，概念设计、详细设计直接由 CAD 软件完成，用 CAE 软件进行虚拟样机仿真模拟分析，满足工程和设计要求就直接送入数控加工机床出产品，可以免除物理样机试制和测试，大大缩短了设计周期和节省了成本，也是现代 CAE 技术发展的必然趋势。

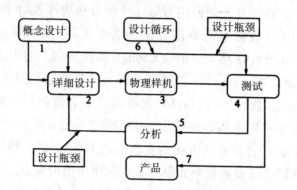

图 1-2　传统设计过程

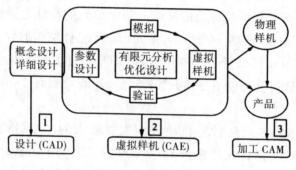

图 1-3　现代设计法

1.2.2 机械 CAD/CAE 技术的发展趋势

1.2.2.1 机械 CAD 技术的发展趋势

市场需求是推动机械 CAD 技术不断发展的动力。机械 CAD 技术在现代工业生产中发挥着举足轻重的作用，随着对 CAD 技术的不断研究、开发与广泛应用，对机械 CAD 技术的要求也不断提高，进一步推动机械 CAD 技术向前发展，当前发展趋势可以概括为下述几个方面。

（1）集成化。

在大型机械制造企业中，存在着许多不同时期、不同人员开发的互相缺乏联系的独立应用软件，主要表现在：

①功能各异、孤立的系统封闭运行,难以取得及时综合信息。

②各孤立系统自成一体,数据重复和冗余、浪费资源。

③各孤立系统只能通过各自接口进行转换,易造成信息丢失。

④各孤立系统间不能直接通过数据库和网络实现信息共享。

⑤各孤立系统自行开发,低水平重复,人力资源浪费。

通过相关机械 CAD 系统的集成,可以实现多种软件的数据共享、重用,减少数据冗余和重复劳动,如产品 BOM 数据在设计、工艺、制造、售后阶段的集成共享。多种软件系统在一个统一框架下运行,操作更方便。

一般机械 CAD 系统的集成须满足:

①集成系统有畅通的信息流和正确的数据转换。

②提供信息共享和软件共享的机制。

③提供所有软件信息的版本控制及管理。

④信息项改动时,自动跟踪相关信息项。

⑤保证内部有一致的接口和外部有统一的、友好的人机界面。

⑥用统一的执行控制程序来组织各种信息的传递和运行。

(2)网络化。

机械制造企业生产过程是一个包括产品规划、产品设计、工艺准备、零部件生产、标准件 / 外购件采购、产品组装检验产品销售及服务等在内的信息协作过程。

机械 CAD 技术的网络化,可以提供多学科领域开发团队的协同产品开发;支持跨部门、跨行业、跨地域的企业协作;使数据共享、知识共享、资源共享。空中客车公司由欧洲航空防务及航天公司和英宇航系统公司共同拥有,总部位于法国图卢兹。

空客公司的设计机构和工厂属于四个全资子公司:法国、德国、西班牙、英国的公司。依靠机械 CAD 技术的网络化支持,空中客车在 4 国 5 地进行异地联合设计,分别在 4 个国家的多家生产基地异地制造,在法国的图卢兹和德国的汉堡进行最后的总装配。

(3)智能化。

机械设计是一种含有高度智能化的人类创造性活动,设计过程中需要大量的领域专门知识、丰富的经验及问题求解技巧。CAD 设计本质是一个多知识源求解问题,工程设计中所用知识的表达方式多种多样,如经验性知识、启发性知识、数据图表、标准元件等 CAD 系统中要对多种知识进行有效表达。

研究人们的设计思维方式，并用智能技术来表达和处理 CAD 设计过程中的知识，产生高效的 CAD 系统，提高设计自动化程度。将人工智能技术，特别是专家系统的技术，与传统 CAD 技术结合起来，形成智能化 CAD 系统是机械 CAD 技术发展的必然趋势。

（4）标准化。

CAD 标准化是 CAD 系统集成、数据交换、资源共享重用的前提，也是 CAD 应用规范化，有序化的基本保证。CAD 标准化工作随着企业 CAD 技术的不断推广应用和普及，其作用越来越被企业所重视。

目前 CAD 数据交换标准有 STEP，IGES 等，CAD 零部件库标准有 ISO13584 等国际标准。我国还有关于 CAD 工程制图标准、图档管理标准等。另外，由于某些 CAD 软件的市场强势地位，形成了事实标准，如 DXF、SAT，以及 CATIA、UG、Pro/E 等系统的输出格式。

1.2.2.2 机械 CAE 技术的发展趋势

有限元技术已经成为越来越多领域不能缺少的工具，但是，实际问题是纷繁复杂的，有限元技术需要不断进步和发展来增强解决复杂问题的能力，如果软件停滞不前或只作表面文章势必要被淘汰。目前主流 CAE 软件的发展方向主要表现在以下几个方面。

（1）与 CAD 软件的无缝集成。

有限元软件的一个发展趋势是与通用 CAD 软件的集成使用，即在用 CAD 软件完成部件和零件的造型设计后，能直接将模型传送到 CAE 软件中进行有限元网格划分并进行分析计算，如果分析的结果不满足设计要求，则重新进行设计和分析，直到满意为止，从而极大地提高了设计水平和效率。

（2）强大可靠的网格剖分能力。

结构离散后的网格质量直接控制求解时间与结果误差大小，同时网格剖分功能也关系到工作效率，因此多种不同网格的处理方法，强大可靠的六面体网格自动划分以及根据求解结果对模型进行自适应网格划分都是软件能力的重要体现。

（3）由求解线性问题发展到求解非线性问题。

随着科学技术的发展，线性分析结果已经不能满足复杂设计的要求,许多工程中所涉及的接触装配、材料破坏与失效、非线性断裂、裂纹扩展等问题仅靠线性理论根本不能解决,必须进行非线性分析求解。

（4）程序的开放性。

开发商必须给用户一个开放的环境,允许用户根据自己的实际情况对软件进行扩充。

1.3 机械 CAD/CAE 技术在产品设计制造过程中的地位

早在 1985 年,美国信息制造业专家 W. H. Slatterback 曾经预言,从 1985 年到 2000 年期间,美国的制造业面临的变化将比 20 世纪前 75 年的变化要大得多,其根本原因是 CAD/CAE 技术的应用越来越普遍。目前在许多发达国家,CAD/CAE 技术不仅广泛用于航空航天、汽车、电子和机械制造等产品的生产领域,而且逐渐发展到服装、装饰、家具和制鞋等应用领域。此外,CAD/CAE 技术作为计算机集成制造系统（Computer Integrated Manufacturing System, CIMS）的技术基础,会随着网络化、全球化的发展进入一个新的台阶。CAD/CAE 技术的普及和应用不仅对传统制造业提出新的挑战,而且已对新兴产业的发展、劳动生产率的提高、材料消耗的降低、国际竞争能力的增强起到重要作用,已成为衡量一个国家科学技术现代化和工业现代化水平的重要标志之一。

1989 年,美国评出近 25 年间 10 项最杰出的工程技术成就,其中第 4 项就是 CAD/CAE。1991 年 3 月 20 日,"海湾战争"结束后的第 3 周,美国政府发表了跨世纪的国家关键技术发展战略,列举了 6 大技术领域中的 22 项关键项目,认为这些项目对于美国的长期国家安全和经济繁荣至关重要。而 CAD/CAE 技术与其中的两大领域 11 个项目紧密相关,这就是制造与信息、通信。制造技术为工业界生产一系列创新的、成本上有竞争能力和高质量的产品投入市场打下基础;而信息和通信技术则以惊人的速度不断发展,改变着社会的通信、教育和制造方法。制造技术的关键项目有计算机集成制造、智能加工设备、微米和纳米级制造技术、系统管理技术；信息和通信技术包括软件、微电子学和光电子学、高性能计算机和互联网、高清晰度成像显示、传感器和信号处理、数据存储器和外围设备、计算机仿真和建模。

CAD/CAE 技术推动了几乎所有领域的设计、制造技术革命，CAD/CAE 技术的发展和应用水平已成为衡量一个国家科技现代化和工业现代化水平的重要标志之一。CAD/CAE 技术从根本上改变了过去的手工绘图、发图、凭图样组织生产过程的技术管理方式，将它变为在计算机上交互设计，通过网络发送产品技术文件，在统一的数字化产品模型下进行产品的设计打样、分析计算、工艺计划和工艺文件的制定、工艺装备的设计及制造、数控编程及加工、生产作业规划、质量控制、编印产品维护手册、组织备件订货供应、产品广告宣传等。企业建立一个完善的 CAD/CAE 系统，就等于建立了一种新的设计和生产技术管理体制。有了这样的新体制，就可以方便地进行下列工作。

（1）实现生产组织的平行工程作业，使产品的设计、生产工艺准备、调度管理、仓库物流、零部件制造及装配销售及客户服务等各个部门的工程技术人员可以从统一的产品数据库中获得所有设计、制造等工程信息，并行协同工作，及早协调处理各种问题。

（2）在产品设计阶段就可用三维几何模型模拟产品、零部件、设备的制造、装配和工作过程，及早发现结构布局和系统安装的空间干涉错误，提高产品设计的可靠性，缩短产品开发和生产准备周期。

（3）彻底改变传统的工程图样发放管理模式，可利用网络等现代信息技术，实现跨地域迅速、有效地发放、更改及管理图样等技术文档。

（4）进行产品的功能和性能仿真。1996 年，联合国通过了《全面禁止核试验条约》，但这并不意味着核国家不再发展和研究核武器，核武器的开发研制可通过计算机仿真技术进行研究，通过模拟仿真评价核武器的性能。同样，机械产品的开发也可以利用仿真技术全部或部分替代样机的试验过程，通过虚拟的数字化产品模型，模拟产品的使用工况，分析产品的使用性能，这样可大大缩短产品开发周期，节省样机试制和检测的成本。

（5）利用产品的三维模型可提前进行产品的外观造型设计和市场推广。这点对轻工业产品尤其重要，及早让订货单位从屏幕上评审产品的造型、色彩、装潢和包装。

第 2 章

图形处理

图形处理是计算机辅助设计与制造（CAD/CAM）中的关键技术。图形处理技术是 CAD/CAM 中几何信息处理的基础和重要组成部分，也是促进 CAD/CAM 技术发展和应用的有效手段和工具，在 CAD/CAM 技术中发挥着重要的作用。因此，要求学习者了解和掌握计算机图形处理技术的一些基础知识和相关的基本概念与术语，包括图形生成、变换、显示等技术。其中图形变换包括二维、三维图形的基本变换、组合变换和投影变换等。本章将主要讨论图形处理的基本方法。

2.1 图形处理概述

计算机图形学（computer graphics，CG）是利用计算机处理图形信息的一门学科，包括图形信息的表示、输入输出与显示、图形的几何变换、图形之间的运算以及人机交互绘图等方面的技术。美国电气和电子工程师协会（IEEE）把它定义为借助计算机产生图形图像的艺术和科学。德国专家 Wolfgang K.Giloi 把它定义为"数据结构＋图形算法＋语言"。

计算机图形学的发展始于 20 世纪 50 年代，先后经历了准备、发展、推广应用和系统实用化四个阶段。我国的计算机图形学的研究工作始于 20 世纪 60 年代中后期，虽然起步较晚，然而它的发展却十分迅速。近年来，我国 CAD 技术的开发和应用取得了长足的发展，除对许多国外软件进行了汉化和二次开发以外，还诞生了不少具有独立版权的 CAD 系统，如开目 CAD、PICAD、CAXA 等。我国学者的论文从 20世纪 80 年代后期开始进入国际上流的学术会议和重要的学术刊物，如SIGGRAPH 和 Eurographics 等，标志着我国在这一领域的研究水平已接近或部分达到国际先进水平。但是，我们应当清醒地认识到国内的研究和应用水平与国际上发达国家相比还相差甚远，其主要原因是我国缺乏大量这方面的高水平人才，精通计算机图形学的工程技术人员不够，因而影响了计算机图形学这门学科在我国的推广应用。要使计算机图形学在我国国民经济中发挥应有的作用，培养计算机图形学的研究、设计和应用等多方面的人才是关键。

计算机图形学的研究领域（见图 2-1）包括以下几个方面。

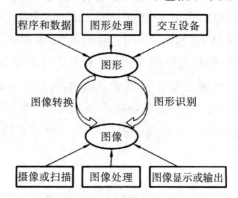

图 2-1　计算机图形学的研究领域

（1）图形系统的硬件设备，如图形处理器、图形输入输出设备，特别是图形显示和打印设备。

（2）二维图形中基本图素的生成算法。

（3）图形变换技术，包括二维几何变换、三维几何变换和投影变换等。

（4）人机交互绘图技术，如窗口技术、橡皮筋技术等。

（5）图形运算和处理技术，如图形的裁剪、填充等。

（6）实体造型技术和真实图形的表示，如消隐技术、色彩技术等。

2.2　图形学的数学基础

2.2.1 系统坐标系

在使用计算机辅助设计与制造系统进行各种几何图形绘图时,为了使操作者能十分方便且快捷地在显示屏幕上找到所需点的位置,定量地描述空间物体的几何形状、大小和方位,系统中经常提供了各种数学坐标系。在计算机图形学中主要使用笛卡儿直角坐标系。在三维情况下,直角坐标系分右手坐标系和左手坐标系,如图 2-2 所示。

实际使用时,不同的处理场合总是使用不同的坐标系。下面介绍计算机绘图中需要用到的几种坐标系。

（1）世界坐标系。

用户在设计绘图以及用图形应用程序描述几何形体时,用来描述形体的二维或三维直角坐标系称为用户坐标系,也称为世界坐标系（world coordinates,WC）,是右手三维直角坐标系。

它也可以是二维的,如图 2-3 所示。世界坐标系的单位可以是微米（μm）、毫米（mm）、千米（km）、英尺（英寸）等,一般均使用实数,取值范围并无限制。

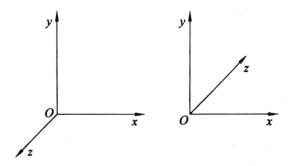

图 2-2　三维直角坐标系

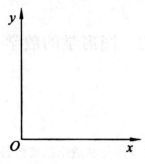

图 2-3　二维右手坐标系

（2）设备坐标系。

用户设计编绘的工程图样,最终需通过图形输出设备(显示器、绘图仪等)输出并显示在屏幕上或绘制在图纸上。设备坐标系(device coordinates, DC)是与设备的物理参数有关的坐标系,一般是二维坐标系,个别的为三维坐标系。图形的输出在设备坐标系下进行。设备坐标系的取值范围受设备的输入／输出精度和有效幅面的限制。该坐标系的单位是像素或绘图笔的步长等(也即设备的分辨率),它们都是整数,且有固定的取值范围。坐标原点在设备的左下角或左上角,接受无符号的整型数据。

（3）规范化设备坐标系。

工程图样最终通过图形输出设备输出时,要受到输出设备本身物理参数的限制。因此,工程技术人员在编制绘图程序时,必然要考虑输出的图形在图纸或屏幕上的位置与大小,这会给编程人员带来极大的麻烦,同时影响了程序的通用性和可移植性。因此在 WC 和 DC 之间定义了一个和设备无关的规范化设备坐标系(normalized device coordinates, NDC)。使用这种坐标系是为了使图形支撑软件能摆脱对具体物理设备的依赖性,也是为了能在不同应用和不同系统之间交换图形信息,所以规范化设备坐标系是一种中间坐标系,通常取无量纲的单位长度作为规范化设备坐标系中图形的有效空间,即 x、y 轴的取值范围为(0.0,0.0)到(1.0,1.0)。

用户坐标系、规范化设备坐标系、设备坐标系三者之间的关系如图 2-4 所示。

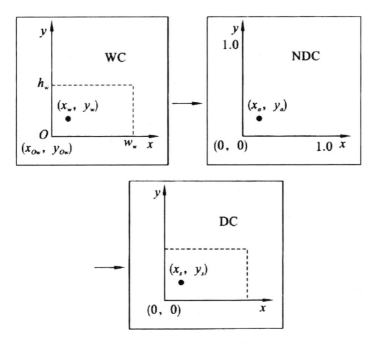

图 2-4　三种坐标系之间的关系

　　另外,如果按空间来分的话,又分为如下几种坐标:①二维平面坐标。二维平面坐标又称笛卡儿坐标,它主要用于在描述平面几何图形时点位置的确定与一个物体形状的二维平面描述;②极坐标。当我们要绘制一条与已知线段成某一夹角的直线段,且长度有尺寸要求时,常常使用极坐标;③三维立体坐标。在 CAD/CAM 系统中常被称为 3D 立体几何图形,如图 2-5 所示。它的特点是除了具有二维平面坐标系中的两个 x、y 坐标轴以外,还有一个 z 坐标轴。利用三维立体坐标系,不仅可以进行二维图形元素的平面位置描述,而且可以对一个点或几何图形元素进行空间位置的描述。在 CAD/CAM 系统中的三维立体坐标主要是用来生成各种立体图形,其中包括各方向的轴侧图形;④球坐标。球坐标又称为矢量坐标,使用球坐标时,需要输入两个角度值和半径值,如图 2-6 所示。

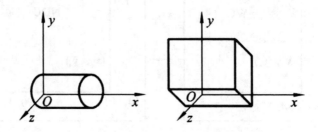

图 2-5　三维立体坐标

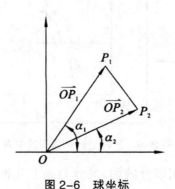

图 2-6　球坐标

2.2.2 齐次坐标

所谓齐次坐标表示法，就是用 $n+1$ 维向量表示 n 维向量。n 维空间中点的位置向量具有 n 个坐标分量（P_1, P_2, ..., P_n），且是唯一的。若用齐次坐标表示时，此向量有 $n+1$ 个坐标分量（hP_1, hP_2, .., hP_n, h），且不唯一。普通的坐标与齐次坐标的关系为一对多。例如：二维点（x, y）的齐次坐标表示为（h_x, h_y, h_z），则（h_1x, h_1y, h_1），（h_2x, h_2y, h_2），...，（h_nx, h_ny, h_n）都表示二维空间的同一点（x,y）的齐次坐标。比如齐次坐标（8, 4, 2），（4, 2, 1）表示的都是二维点（4, 2）；（12, 8, 4），（6, 4, 2），（3, 2, 1）均表示（3, 2）这一点的齐次坐标。当 h 取值为 1 时，则二维点（x, y）的齐次坐标表示为（x, y, 1），这时仅有唯一一个对应关系，把（x, y, 1）称为点（x, y）的规范化齐次坐标。

在二维空间里，点（x, y）的坐标可以表示为行向量（x, y），那么如

果给出点的齐次表达式(X, Y, H)，就可求得其二维笛卡儿坐标，即

$$(XYH) \rightarrow \left(\frac{X}{H}, \frac{Y}{H}, \frac{H}{H} \right) = (x, y, 1)$$

那么引进齐次坐标有什么必要？它有什么优点呢？

（1）它为几何图形的二维、三维甚至高维空间中的一个点集从一个坐标系变换到另一个坐标系的坐标变换提供了统一的矩阵运算方法。例如，二维齐次坐标变换矩阵的形式是

$$T_{2D} = \begin{pmatrix} a_{11} & a_{12} & a_{13} \\ a_{21} & a_{22} & a_{23} \\ a_{31} & a_{32} & a_{33} \end{pmatrix}$$

而三维齐次坐标变换矩阵的形式是

$$T_{3D} = \begin{pmatrix} a_{11} & a_{12} & a_{13} & a_{14} \\ a_{21} & a_{22} & a_{23} & a_{24} \\ a_{31} & a_{32} & a_{33} & a_{34} \\ a_{41} & a_{42} & a_{43} & a_{44} \end{pmatrix}$$

（2）齐次坐标可以表示无穷远的点。例如，+1 维空间中如果 $h=0$，齐次坐标实际上表示了一个 π 维的无穷远点。对二维的齐次坐标(a, b, h)，当 $h \rightarrow 0$ 时，表示了直线 $ax+by=0$ 上连续点(x, y)逐渐趋近于无穷远的点，但其斜率不变。笛卡儿坐标中的点$(1, 2)$，在齐次坐标中就是$(1, 2, 1)$。

2.3　二维图形变换

　　图形变换是指对图形的几何信息经过几何变换后产生新的图形。它是基本的图形处理技术，提供了构造和修改图形的方法。对 CAD/CAM 系统来说，通过图形变换可以将简单图形变换为复杂的图形，可以将三维实体用二维的图样表示。图形变换包括几何变换和非几何变换，几何变换是指改变图形的几何形状和位置，而非几何变换则是改变图形的颜色、线型等非几何属性。通常所说的图形变换是指几何变换，

包括把图形平行移动,对图形进行放大、缩小、旋转、透视等图形变换,以利于从某一最有利的角度去观察它,对它进行设计修改。

2.3.1 图形变换的基本原理

无论二维或三维图形,都是由组成图形的点、点之间的连线、连线构成的面以及点、线、面之间的关系表达的。图形变换只是改变图形顶点的坐标,不改变它们的拓扑关系。从原理上讲,图形的几何变换,实际上是点的变换。

2.3.1.1 点的向量表示

由于图形采用了齐次坐标表示,因此可方便地利用变换矩阵实现对图形的变换,并假设二维图形变换前的一点坐标为$(x, y, 1)$,变换后为$(x', y', 1)$;三维图形变换前的一点坐标为$(x, y, 1)$,变换后为$(x', y', z', 1)$。当然,二维空间和三维空间也可以分别用列矩阵和y表示。表示一个点的矩阵称为(z)位置向量。如图 2-7 所示的三角形的三个顶点坐标$A(x_1, y_2)$,$B(x_2, y_2)$,$C(x_3, y_3)$,用矩阵表示为

$$\begin{pmatrix} x_1 & y_1 \\ x_2 & y_2 \\ x_3 & y_3 \end{pmatrix}$$

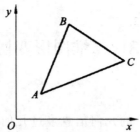

图 2-7　三角形的向量表示

2.3.1.2 变换矩阵

图形变换的两种形式:图形不变,坐标系改变;图形改变,坐标系不变。这两种情况本质是相同的。在本节中所讨论的变换属于前者。有

矩阵 T、B 和 P,且 $PT=B$,这种一个矩阵 P 对另一个矩阵 T 进行乘法运算而得出一个新矩阵 B 的方法,可被用来完成一个点或一组点的几何变换。这里的矩阵 P 得到变换,矩阵 T 称为变换矩阵。

已知二维坐标系中的一个点 $P(x,y)$,将它变换到点 $P'(x',y')$,则必存在

$$PT = B$$
$$P = (x,y)$$

若变换矩阵为

$$T = \begin{pmatrix} a & b \\ c & d \end{pmatrix}$$

$$PT = (x,y)\begin{pmatrix} a & b \\ c & d \end{pmatrix} = (ax+cy, bx+dy) = (x',y',1) = (x,y,1)\begin{pmatrix} a & b & p \\ c & d & q \\ n & m & s \end{pmatrix}$$

写成代数形式如下

$$\begin{cases} x' = ax + cy \\ y' = bx + dy \end{cases}$$

采用齐次坐标时,其矩阵明显将扩展,由于点是 3 个列元素组成的向量,因此 2×2 变换矩阵将扩展成 3×3 矩阵,为

$$(x',y',1) = (x,y,1)T = (x,y,1)\begin{pmatrix} a & b & p \\ c & d & q \\ n & m & s \end{pmatrix}$$

由此可见,变换后点的坐标由矩阵 T 中的元素 a、b、c、d、n、m、s、p、q 决定。

（1）左上角的子矩阵 $\begin{pmatrix} a & b \\ c & d \end{pmatrix}$ 可完成图形的比例,对称、旋转、错切等变换。

（2）左下角的子矩阵 (n,m) 可完成图形的平移变换。

（3）右上角的子矩阵 $\begin{pmatrix} p \\ q \end{pmatrix}$ 可完成图形的投影变换。当 p、q 为零时是平行投影,当 p、q 不为零时是中心投影。

（4）右下角的子矩阵 (s) 可完成图形的全比例变换。当 $s>1$ 时,图

形等比例缩小；$s<1$ 时，图形等比例放大。

2.3.2 二维图形的几何变换

二维图形的几何变换，实质是对构成二维图形的点集进行变换。变换主要是通过调整变换矩阵 $\boldsymbol{T}$ 的元素值来实现的。

2.3.2.1 比例变换

比例变换就是要将图形沿 x 轴或沿 y 轴方向放大或缩小，如图 2-8 所示。如对一个二维点 $P(x,y)$ 进行比例变换，则是将该点的坐标在 x 轴方向放大或缩小 S_x 倍，在 y 轴方向放大或缩小 S_y 倍，即有

$$\begin{cases} x' = S_x x \\ y' = S_y y \end{cases}$$

比例变换的变换矩阵为

$$(x',y',1) = (x,y,1)\begin{pmatrix} S_x & 0 & 0 \\ 0 & S_y & 0 \\ 0 & 0 & 1 \end{pmatrix} = (S_x x, S_y y, 1)$$

于是，取变换矩阵

$$\boldsymbol{T} = \begin{pmatrix} S_x & 0 & 0 \\ 0 & S_y & 0 \\ 0 & 0 & 1 \end{pmatrix}$$

（1）$S_x=S_y=1$，点的位置、图形形状不变，又称恒等变换。

（2）$S_x=S_y>1$，点的位置变了，图形放大了 S_x 倍。

（3）$S_x=S_y<1$，点的位置变了，图形缩小为原来的 S_x。

（4）$S_x \neq S_y$，不等比例变换，图形在 x，y 两坐标方向的缩放比例不等，如图 2-9 和图 2-10 所示。

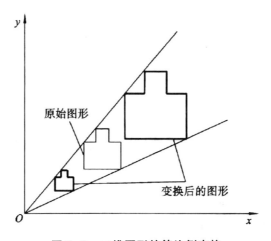

图 2-8　二维图形的等比例变换

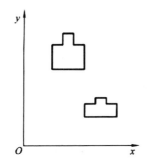

图 2-9　二维图形的不等比例变换

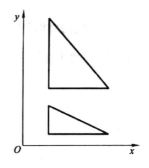

图 2-10　$S_x=1, S_y>1$

2.3.2.2 对称变换

对称变换也称为反射变换、镜像变换,指变换前后的点关于 x 轴、y 轴、某一直线或某个点对称。

（1）关于 x 轴的对称变换。

关于 x 轴的对称变换矩阵为

$$T_x = \begin{pmatrix} 1 & 0 & 0 \\ 0 & -1 & 0 \\ 0 & 0 & 1 \end{pmatrix}$$

$$(x', y', 1) = (x, y, 1) \begin{pmatrix} 1 & 0 & 0 \\ 0 & -1 & 0 \\ 0 & 0 & 1 \end{pmatrix} = (x, -y, 1)$$

即新点坐标和原来的坐标之间的关系为 $\begin{cases} x'=x, \\ y'=-y_\circ \end{cases}$

（2）关于 y 轴的对称变换。

这种情况下，新点坐标和原来的坐标之间的关系为 $\begin{cases} x'=-x, \\ y'=y_\circ \end{cases}$

$$\boldsymbol{T}_y = \begin{pmatrix} -1 & 0 & 0 \\ 0 & 1 & 0 \\ 0 & 0 & 1 \end{pmatrix}$$

以上两种对称变换效果如图 2-11（a）所示。

（3）关于坐标原点 O 的对称变换。

这种情况下，新点坐标和原来的坐标之间的关系为 $\begin{cases} x'=-x, \\ y'=-y_\circ \end{cases}$

$$\boldsymbol{T}_O = \begin{pmatrix} -1 & 0 & 0 \\ 0 & -1 & 0 \\ 0 & 0 & 1 \end{pmatrix}$$

变换效果如图 2-11（b）所示。

（4）关于 45° 线的对称变换。

这种情况下，即关于直线 $y=x$ 对称，新点坐标和原来的坐标之间的

关系为 $\begin{cases} x'=y, \\ y'=x_\circ \end{cases}$

$$\boldsymbol{T}_{45^\circ} = \begin{pmatrix} 0 & 1 & 0 \\ 1 & 0 & 0 \\ 0 & 0 & 1 \end{pmatrix}$$

（5）关于 –45° 线的对称变换。

这种情况下，即关于直线 $y=-x$ 对称，新点坐标和原来的坐标之间的

关系为 $\begin{cases} x'=-y, \\ y'=-x_\circ \end{cases}$

$$\boldsymbol{T}_{-45^\circ} = \begin{pmatrix} 0 & -1 & 0 \\ -1 & 0 & 0 \\ 0 & 0 & 1 \end{pmatrix}$$

以上两种对称变换效果如图 2-11（c）所示。

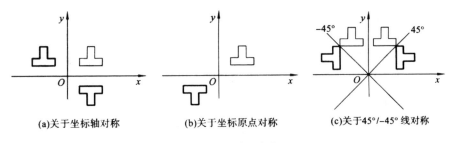

(a)关于坐标轴对称　　　　　(b)关于坐标原点对称　　　　(c)关于45°/-45°线对称

图 2-11　对称变换

2.3.2.3 平移变换

二维空间点 $P(x,y)$ 沿 x 轴平移 Δx，沿 y 轴平移 Δy，得到的新点 P'
(x',y') 的坐标满足 $\begin{cases} x'=x+\Delta x, \\ y'=y+\Delta y。 \end{cases}$

$$(x',y',1)=(x,y,1)\begin{pmatrix} 1 & 0 & 0 \\ 0 & 1 & 0 \\ \Delta x & \Delta y & 1 \end{pmatrix}=(x+\Delta x,y+\Delta y,1)$$

平移变换矩阵为

$$T_r=\begin{pmatrix} 1 & 0 & 0 \\ 0 & 1 & 0 \\ \Delta x & \Delta y & 1 \end{pmatrix}$$

效果如图 2-12 所示。

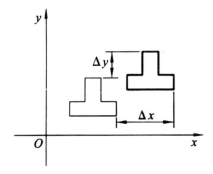

图 2-12　平移变换

2.3.2.4 旋转变换

旋转变换是将图形绕固定点顺时针或逆时针方向进行旋转。若使图形绕坐标原点旋转 θ 角,逆时针方向为正,顺时针方向为负,如图 2-13 所示,则其对坐标原点的旋转变换得到的新点 $P'(x', y')$ 的坐标满足

$$\begin{cases} x' = x\cos\theta - y\sin\theta, \\ y' = x\sin\theta + y\cos\theta。 \end{cases}$$

$$(x', y', 1) = (x, y, 1)\begin{pmatrix} \cos\theta & \sin\theta & 0 \\ -\sin\theta & \cos\theta & 0 \\ 0 & 0 & 1 \end{pmatrix} = (x\cos\theta - y\sin\theta, x\sin\theta + y\cos\theta, 1)$$

旋转变换矩阵为

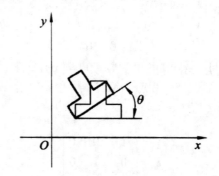

图 2-13　旋转变换

$$T_r = \begin{pmatrix} \cos\theta & \sin\theta & 0 \\ -\sin\theta & \cos\theta & 0 \\ 0 & 0 & 1 \end{pmatrix}$$

2.3.2.5 错切变换

错切变换是图形的每一个点在某一方向上坐标保持不变,而另一坐标方向上的坐标进行线性变换,或都进行线性变换,如图 2-14 所示。错切变换矩阵的特点:变换矩阵中的元素 $a=d=1$, b、c 之一为 0。坐标的错切变换为

$$(x', y', 1) = (x, y, 1)\begin{pmatrix} 1 & b & 0 \\ c & 1 & 0 \\ 0 & 0 & 1 \end{pmatrix} = (x + cy, bx + y, 1)$$

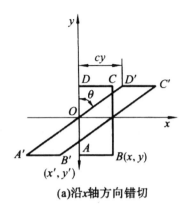 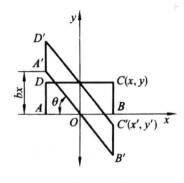

(a)沿x轴方向错切   (b)沿y轴方向错切

图 2-14 错切变换

（1）沿 x 轴方向的错切变换。

变换矩阵为

$$T = \begin{pmatrix} 1 & 0 & 0 \\ c & 1 & 0 \\ 0 & 0 & 1 \end{pmatrix}$$

若 $c>0$,则沿 x 轴正方向错切;若 $c<0$,则沿 x 轴负方向错切:

①变换过程中,点的 y 坐标保持不变,而 x 坐标值发生线性变化;

②平行于 x 轴的线段变换后仍平行于 x 轴;

③平行于 y 轴的线段变换后错切成与 y 轴成角的直线段;

④ x 轴上的点在变换过程中保持不变,其余点在变换后都平移了一段距离。

（2）沿 y 轴方向的错切变换。

变换矩阵为

$$T = \begin{pmatrix} 1 & b & 0 \\ 0 & 1 & 0 \\ 0 & 0 & 1 \end{pmatrix}$$

若 $b>0$,则沿 y 轴正方向错切;若 $b<0$,则沿 y 轴负方向错切:

①变换过程中,点的 x 坐标保持不变,而 y 坐标值发生线性变化;

②平行于 y 轴的线段变换后仍平行于 y 轴;

③平行于 x 轴的线段变换后错切成与 x 轴成角的直线段;

④ y 轴上的点在变换过程中保持不变,其余点在变换后都平移了一

段距离。

2.3.2.6 复合变换

在 CAD/CAM 中的图形变换比较复杂,往往仅用一种基本变换不能实现,需经由两种或多种基本变换的组合才能得到所需的最终图形。这种由两个以上基本变换构成的变换称为复合变换或组合变换。不管多么复杂的变换都可以分解为多个基本变换的组合,相应的变换矩阵称为复合变换矩阵。设各次变换的矩阵分别是 T_1, T_2, ...T_n,则组合变换的矩阵 $\boldsymbol{T}$ 是各次变换矩阵的乘积,即

$$T=T_1T_2...T_n$$

如图 2-15 所示,图形绕平面上任意一点 P(m, n)旋转 θ 角的旋转变换,就是一个复合变换:首先,把旋转中心 P(m, n)平移到坐标原点(T_1);然后,绕原点进行旋转变换(T_2);最后,将所得结果再平移,回到原旋转中心位置(T_3)。

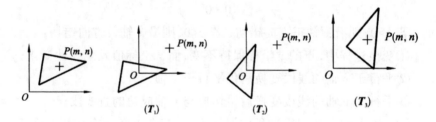

图 2-15 绕任意点的旋转变换

若用矩阵表示,将三个变换矩阵按变换的顺序相乘就可得到复合变换矩阵,即

$$\boldsymbol{T} = \boldsymbol{T}_1\boldsymbol{T}_2\boldsymbol{T}_3 = \begin{pmatrix} 1 & 0 & 0 \\ 0 & 1 & 0 \\ -m & -n & 1 \end{pmatrix} \begin{pmatrix} \cos\theta & \sin\theta & 0 \\ -\sin\theta & \cos\theta & 0 \\ 0 & 0 & 1 \end{pmatrix} \begin{pmatrix} 1 & 0 & 0 \\ 0 & 1 & 0 \\ m & n & 1 \end{pmatrix}$$

$$= \begin{pmatrix} \cos\theta & \sin\theta & 0 \\ -\sin\theta & \cos\theta & 0 \\ m-m\cos\theta+n\sin\theta & n-m\sin\theta-n\cos\theta & 1 \end{pmatrix}$$

由于矩阵的乘法运算不满足交换律,即当 $\boldsymbol{A}$、$\boldsymbol{B}$ 为矩阵的时候,$\boldsymbol{AB} \neq \boldsymbol{BA}$,因此,在进行组合变换时,应注意连续变换的顺序不能改变,否则会得到不同的结果。

2.4 三维图形变换

三维图形的几何变换是二维图形几何变换的简单扩展,严格地讲,二维图形几何变换实际是三维图形几何变换的特例,因此,前面介绍的二维图形几何变换的原理和方法,在三维图形几何变换中都适用,只不过三维图形几何变换更丰富更复杂。

2.4.1 三维变换矩阵

根据齐次坐标表示法,用一个四维向量$(x,y,z,1)$来表示三维空间的一个点向量(x,y,z)。在齐次坐标表示法中,二维变换矩阵是一个3×3的方阵。同理,三维变换矩阵应是一个4×4的方阵,即

$$(x',y',z',1)=(x,y,z,1)T=(x,y,z,1)\begin{pmatrix} a & b & c & p \\ d & e & f & q \\ h & i & j & r \\ l & m & n & s \end{pmatrix}$$

式中,T为三维变换矩阵。

根据对图形所能产生的不同变换效果,可以把三维变换矩阵T分为四块。

(1)左上角的子矩阵$\begin{pmatrix} a & b & c \\ d & e & f \\ h & i & j \end{pmatrix}$可完成图形的比例。对称,旋转、错切等变换。

(2)左下角的子矩阵$(1,m,n)$可完成图形的平移变换.

(3)右上角的子矩阵$\begin{pmatrix} p \\ q \\ r \end{pmatrix}$可完成图形的透视变换。

(4)右下角的子矩阵(s)可完成图形的全比例变换。当$s>1$时,图

形等比例缩小；$s<1$ 时，图形等比例放大。

2.4.2 三维基本几何变换

2.4.2.1 三维比例变换

三维交换矩阵主对角线上的元素 a、e、j、s 的作用是使三维图形产生比例变换。设比例变换的参考点为坐标原点，其变换矩阵为

$$T = \begin{pmatrix} a & 0 & 0 & 0 \\ 0 & e & 0 & 0 \\ 0 & 0 & j & 0 \\ 0 & 0 & 0 & s \end{pmatrix}$$

（1）当 $s=1$ 时，a、e、j 三元素的值分别表示沿 x、y，z 三轴方向上的缩放因子。若 $a=e=j$，三方向的缩放因子相等，图形产生等比例的缩放变换；若 $a \neq e \neq j$，由于三个方向上的缩放因子不等，结果会发生畸变。和二维变换类似，三维图形也可以产生压缩和拉伸的效果。

（2）当 $s \neq 1$，而沿 x、y、z 三轴方向上的缩放因子为 1 时，则三维变换过程为

$$(x',y',z',1) = (x,y,z,1) \begin{pmatrix} 1 & 0 & 0 & 0 \\ 0 & 1 & 0 & 0 \\ 0 & 0 & 1 & 0 \\ 0 & 0 & 0 & s \end{pmatrix} = (x,y,z,s)$$

根据齐次化的要求，使向量中的第四项元素化为常数 1（s/s），则上式就变为

$$(x',y',z',1) = \left(\frac{x}{s}, \frac{y}{s}, \frac{z}{s}, 1 \right)$$

若 $s>1$，则三维图形产生三向等比例缩小的变换；

若 $0<s<1$，则产生等比例放大的变换，因此，s 也被称为全比例变换系数。

2.4.2.2 三维对称变换

基本的三维对称变换是相对于用户坐系的三个坐标平面进行的。

（1）相对于 xOy 平面的对称变换。

三维图形相对于 xOy 平面作对称变换时，只是 z 坐标发生变化，故

新点 $P(x',y',z')$ 和原来点 $P(x,y,z)$ 的坐标之间的关系为 $\begin{cases} x'=x \\ y'=y \\ z'=-z \end{cases}$ ，

采用齐次坐标写成矩阵表达式，即

$$(x',y',z',1)=(x,y,z,1)\begin{pmatrix} 1 & 0 & 0 & 0 \\ 0 & 1 & 0 & 0 \\ 0 & 0 & -1 & 0 \\ 0 & 0 & 0 & s \end{pmatrix}=(x,y,-z,1)$$

故图形相对于 xOy 平面对称变换的变换矩阵为

$$T=\begin{pmatrix} 1 & 0 & 0 & 0 \\ 0 & 1 & 0 & 0 \\ 0 & 0 & -1 & 0 \\ 0 & 0 & 0 & 1 \end{pmatrix}$$

（2）相对于 yOz 平面的对称变换。

与上述一样的道理，相对于 yOz 平面对称变换的变换矩阵为

$$T=\begin{pmatrix} -1 & 0 & 0 & 0 \\ 0 & 1 & 0 & 0 \\ 0 & 0 & 1 & 0 \\ 0 & 0 & 0 & 1 \end{pmatrix}$$

（3）相对于 xOz 平面的对称变换。

同样的道理，相对于 xOz 平面对称变换的变换矩阵为

$$T=\begin{pmatrix} 1 & 0 & 0 & 0 \\ 0 & -1 & 0 & 0 \\ 0 & 0 & 1 & 0 \\ 0 & 0 & 0 & 1 \end{pmatrix}$$

2.4.2.3 三维旋转变换

三维旋转变换指空间立体绕坐标轴旋转 θ 角，θ 角的正负按右手定则确定，即右手拇指指向坐标轴正向，其余四指指向为旋转正向。

（1）绕 x 轴旋转 θ 角，变换矩阵为

$$T=\begin{pmatrix} 1 & 0 & 0 & 0 \\ 0 & \cos\theta & \sin\theta & 0 \\ 0 & -\sin\theta & \cos\theta & 0 \\ 0 & 0 & 0 & 1 \end{pmatrix}$$

（2）绕 y 轴旋转 θ 角，变换矩阵为

$$T=\begin{pmatrix} \cos\theta & 0 & -\sin\theta & 0 \\ 0 & 1 & 0 & 0 \\ \sin\theta & 0 & \cos\theta & 0 \\ 0 & 0 & 0 & 1 \end{pmatrix}$$

（3）绕 z 轴旋转 θ 角，变换矩阵为

$$T=\begin{pmatrix} \cos\theta & \sin\theta & 0 & 0 \\ -\sin\theta & \cos\theta & 0 & 0 \\ 0 & 0 & 1 & 0 \\ 0 & 0 & 0 & 1 \end{pmatrix}$$

2.4.2.4 三维平移变换

三维图形的平移变换是在空间沿三坐标轴方向上的移动，其变换矩阵为

$$T=\begin{pmatrix} 1 & 0 & 0 & 0 \\ 0 & 1 & 0 & 0 \\ 0 & 0 & 1 & 0 \\ l & m & n & 1 \end{pmatrix}$$

其中，l,m,n 分别为 x,y,z 三个方向的平移量，它们的正负决定了平移方向。如图 2-16 所示的一单位立方体，现将它沿 x 方向移动 3 个单位，沿 y 方向移动 2 个单位，沿 z 方向移动 3.5 个单位，得到图 2-17。

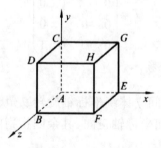

图 2-16　平移前

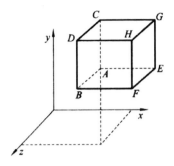

图 2-17　平移后

$$T = \begin{pmatrix} 1 & 0 & 0 & 0 \\ 0 & 1 & 0 & 0 \\ 0 & 0 & 1 & 0 \\ 3 & 2 & 3.5 & 1 \end{pmatrix}$$

$$PT = \begin{pmatrix} 0 & 0 & 1 \\ 0 & 0 & 1 \\ 0 & 1 & 1 \\ 0 & 1 & 1 \\ 1 & 0 & 1 \\ 1 & 0 & 1 \\ 1 & 1 & 1 \\ 1 & 1 & 1 \end{pmatrix} \times \begin{pmatrix} 1 & 0 & 0 & 0 \\ 0 & 1 & 0 & 0 \\ 0 & 0 & 1 & 0 \\ 3 & 2 & 3.5 & 1 \end{pmatrix} = \begin{pmatrix} 3 & 2 & 3.5 & 1 \\ 3 & 2 & 4.5 & 1 \\ 3 & 3 & 3.5 & 1 \\ 3 & 3 & 4.5 & 1 \\ 4 & 2 & 3.5 & 1 \\ 4 & 2 & 4.5 & 1 \\ 4 & 3 & 3.5 & 1 \\ 4 & 3 & 4.5 & 1 \end{pmatrix}$$

2.4.2.5 三维错切变换

错切变换是指空间立体沿 x, y, z 三个方向都产生错切变形,其变换矩阵为

$$T = \begin{pmatrix} 1 & b & c & 0 \\ d & 1 & f & 0 \\ h & i & 1 & 0 \\ 0 & 0 & 0 & 1 \end{pmatrix}$$

可见,主对角线各元素均为 1,第 4 行第 4 列其他元素均为 0。

上式中,d、h 为沿 x 坐标轴方向的错切变换系数;b、i 为沿 y 坐标轴方向的错切变换系数;c、f 为沿 z 坐标轴方向的错切变换系数。当 b、c、d、f、h、i 元素中仅有一个取值不为 0,其余均为 0 时,可以产生沿 x, y, z 三个方向的错切变形。

第 3 章

曲线曲面建模技术

曲线曲面造型（surface modeling）是计算机辅助几何设计（computer aided geometricdesign，CAGD）和计算机图形学的一项重要内容，主要研究在计算机系统中如何用曲线曲面表示、设计、显示和分析物体模型。它在航空航天、船舶、飞机、汽车等行业得到广泛应用。由 Coons、Bezier 等大师于 20 世纪 60 年代奠定其理论基础，经过三十多年的发展，曲线曲面造型技术现在已形成了以有理 B 样条曲线曲面（rational B-spline surface）参数化特征设计和隐式代数曲线曲面（implicit algebraic surface）表示为主体的两类方法，且以插值（interpolation）、逼近（approximation）手段作为几何理论体系。

3.1　曲线曲面建模概述

曲面建模是 CAD 建模和计算机图形学中最活跃、最关键的分支学科之一。这是因为三维形体的几何表达处处都要用到曲面建模，从飞机、汽车、轮船、汽轮机的叶轮流体动力学分析到塑料模具设计、家用电器及轻工产品的工业造型设计、三维打样，医学 CT 扫描数据三维重构，地理、地貌描述等，无不需要强大的曲面建模工具。曲面建模是在线框建模的基础上,用空间曲面来表达物体的外形轮廓,用曲面集合来表示物体,而用环来定义曲面的边界。

采用曲面建模时,首先要将复杂的物体外形表面分解成若干个组成面,即基本面图素。基本面图素可以是平面、圆柱面、球面等二次曲面,也可以是样条曲面。然后要定义在计算机内部的数据结构。在计算机内部数据表示中,曲面建模仍采用数据表结构,数据表中除了线框建模中的边线、顶点信息外,还要提供构造三维曲面模型组成各面形体素的信息。在 CAD/CAM 领域中目前应用最广泛的是非均匀有理 B 样条(NURBS),将它作为曲面的面形几何信息描述,因为 NURBS 曲面不但可以表示标准的解析曲面,如圆锥曲面、旋转曲面等,而且还可以表示复杂的自由曲面。通过调整 NURBS 曲面的控制点及其权因子,可以灵活地改变曲面的形状。ISOSTEP 产品数据表达就是选定 NURBS 作为几何描述的主要方法。

曲面建模增加了有关面的信息,曲面建模扩大了线框建模的应用范围,曲面模型可以提供更加完整、更加真实和更加严密的三维实体信息。曲面建模比线框建模进了一大步,克服了线框建模的许多缺点。能够比较完整地定义三维立体的表面,所能描述的零件范围广,特别是:像汽车车身、飞机机翼等难以用简单的数学模型表达的物体,均可以采用曲面建模的方法构造其模型。曲面建模可以为 CAD/CAE/CAM 中的其他场合提供数据,例如有限元分析中的网格的划分,就可以直接利用曲面建模构造的模型;在数控自动编程中,可以直接利用曲面模型生成刀具路径等。但是,与实体建模相比,曲面建模技术缺少对"体"的信息的描述,没有记录体、面之间的拓扑关系,无法进行物体的一些物理量的分析与计算。

(1)线性延伸面。线性拉伸面是构造曲面最简单、常见方法之一。一条曲线沿一定的方向延伸,可获得相应的延伸面如图 3-1 所示。

(2)直纹面。给定两条相似的 NURBS 曲线,两曲线具有相同的阶次数和相同的节点矢量,将两条曲线上参数相同的对应点用一组直线族连接起来,就构成了直纹面(ruled surface),其中的直线称直纹面的母线(见图 3-2)。圆柱面、圆锥面都属于直纹面,单叶双曲面和双曲抛物面(马鞍面)也是直纹,一些风扇叶片、飞机的机翼和尾翼翼面都是由直纹面建模的。

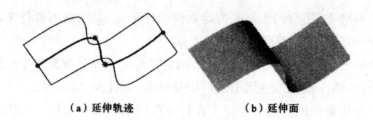

（a）延伸轨迹　　　　　　　（b）延伸面

图 3-1　延伸

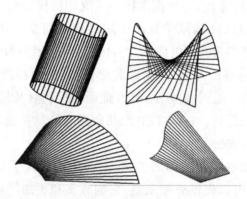

图 3-2　直纹面

构造直纹面时,如果两条曲线具有不同的阶次数和不同的节点分割,首先,需要对阶次数较低的曲线进行升阶,插入节点,使两条曲线的阶次数相同,节点序列相等。

（3）旋转面。旋转面（surface of revolution）是由一条曲线绕着一条轴线旋转一定角度而形成的曲面。例如,图 3-3 所示的曲线 C 绕轴线 A 转动,转动角从 0° 到 270° ,曲线扫描的轨迹形成面。

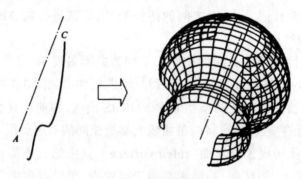

图 3-3　旋转面

（4）扫成面。扫成面（swept surface）又称扫掠面,它由一条或一条以上的剖面线(section)沿着一条导引线(guide)平行移动扫描形成的曲面。图 3-4 所示为具有一条截面线和一条导引线生成的扫成面。扫成面的截面线和导引线可以多于一条。图 3-5 所示的扫成面由两条截面线和两条导引线构造而成。

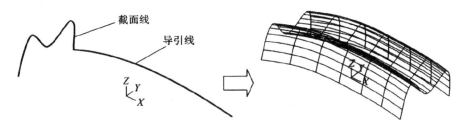

图 3-4　单一截面线和单一导引线生成的扫成面

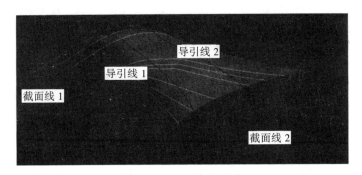

图 3-5　双截面线和双导引线形成的扫成面

（5）孔斯曲面。1964 年,MIT 的孔斯(Coons)提出了用小块曲面片组合表示自由型曲面时,使曲面片边界上达到任意高次连续阶的理论方法,此方法得到了工业界和学术界的极大推崇,称之为孔斯曲面(Coons surface),孔斯(Steve Coons)和贝齐埃(Pierre Bezier)被并列称为现代计算机辅助几何设计技术的奠基人。Bezier 曲面、B 样条曲面和 NURBS 曲面的特点是曲面逼近控制网格,但是在工程实际应用中,经常需要曲面插值一些边界曲线,特别是对于一些形状复杂的曲面,如果能够将整张曲面分解成为满足边界约束的若干曲面片,则可以简化,曲面的构造。

孔斯曲面是定义曲面的条边界约束曲线及其顶点,由这四条围成的封闭边界构造的曲面,如图 3-6 所示。

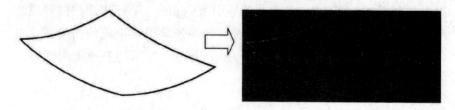

图 3-6　孔斯曲面

（6）过渡曲面。如图 3-7 所示，在相邻曲面之间生成过渡曲面。

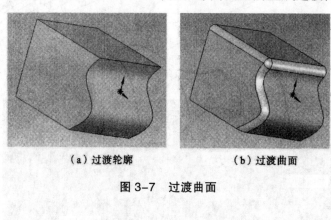

（a）过渡轮廓　　　　　　　（b）过渡曲面

图 3-7　过渡曲面

3.2　Bezier 曲线

　　Bezier 曲线于 1962 年由法国雷诺汽车公司的工程师 Bezier 提出。20 世纪 70 年代初，Bezier 以此为基础完成了用于曲线曲面设计的 UNISURF 系统。美国 Ryan 飞机公司在 1972 年也采用了 Bezier 方法建立曲线曲面造型系统。Forrest、Gordon 和 Riesenfeld 在 20 世纪 70 年代从理论上对 Bezier 方法进行了深入探讨，揭示了 Bezier 方法与现代 B 样条理论之间的深刻联系，把函数逼近论与几何表示紧密结合起来。不同于 Ferguson 曲线和参数三次样条曲线，Bezier 曲线只是对顶点多边形的逼近。逼近的方法是一个很适合于外形设计的方法，因为在曲线曲面设计的初始阶段，设计者可能对要设计的产品外形仅有一个非常粗略的概念，只能大致勾勒出产品的轮廓。在这种情况下求解方程组使曲线严格通过设计者勾勒出的多边形顶点无疑是不合理的。为此,人们希望使用某种逼近的方法而非插值的方法去模仿曲线曲面的设计过程,尽可能减少计算量以达到实时显示的效果。

3.2.1 Bezier 曲线的定义

在空间内给定 $n+1$ 个点 $V_i(i=0,1,\cdots,n)$,那么曲线

$$r(u)=\sum_{i=0}^{n}B_{i,n}(u)V_i,\ 0\leqslant u\leqslant 1$$

称为 n 次 Bezier 曲线。其中,

$$B_{i,n}(u)=C_n^i u^i(1-u)^{n-i}$$

称为伯恩斯坦(Bernstein)基函数 $C_n^i=\dfrac{n!}{i!(n-i)}$; $V_i(i=0,1,\cdots,n)$ 形成的多边形称为该 Bezier 曲线的控制多边形, V_i 称为该 Berier 曲线的控制顶点。

特别地,二次 Beier 曲线可以写为

$$r(u)=(1-u)^2 V_0+2(1-u)uV_1+u^2V_2$$

三次 Bezier 曲线可以写为

$$r(u)=\sum_{i=0}^{3}\left[C_3^i u^i(1-u)^{3-i}\right]V_i=\begin{bmatrix}1 & u & u^2 & u^3\end{bmatrix}\begin{bmatrix}1 & 0 & 0 & 0\\-3 & 3 & 0 & 0\\3 & -6 & 3 & 0\\-1 & 3 & -3 & 1\end{bmatrix}\begin{bmatrix}V_0\\V_1\\V_2\\V_3\end{bmatrix}$$

3.2.2 Bezier 曲线的递推算法及分割

Bezier 曲线的递推算法就是著名的 de-Casteljau 算法,常被称为 Bezier 曲线的几何作图法。de-Casteljau 算法是 Bezier 曲线最基本的算法,它把复杂的几何计算转化为一系列的线性运算,通过逐层的线段分割就可以得到 Bezier 曲线上的点和相应的切矢量。根据 Bernstein 基函数的递推性有:

$$r(u) = \sum_{i=0}^{n} B_{i,n}(u)V_i = \sum_{i=0}^{n}\left[uB_{i-1,n-1}(u) + (1-u)B_{i,n-1}(u)\right]V_i$$

$$= \sum_{i=0}^{n-1}\left[(1-u)V_i + uV_{i+1}\right]B_{i,n-1}(u)$$

$$= \sum_{i=0}^{n-1}V_i^1 B_{i,n-1}(u) = \cdots = \sum_{i=0}^{1}V_i^{n-1}B_{i,1}(u) \tag{3-2-1}$$

$$= \left[(1-u)V_0^{n-1} + uV_1^{n-1}\right] = V_0^n$$

图 3-8 为一条三次 Bezier 曲线的递推过程。这一递推过程得到参数 u 所对应的点 $r(u)$。

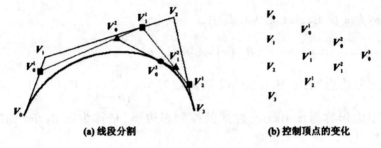

(a) 线段分割　　　　　　　**(b) 控制顶点的变化**

图 3-8　　Bezier 曲线的几何作图法

由递推公式

$$V_i^k = (1-u)V_i^{k-1} + uV_{i+1}^{k-1}, k = 1, \cdots, n; \quad i = 0, \cdots, n-k$$

可知，对每条线段的分割比例都是 u：（$1-u$）。

对于线段 $V_0^{n-1}V_1^{n-1}$ 与 Bezier 曲线相切的结论可以采用如下推导过程加以证明。由式（3-2-1）可知

$$r'(u)/n = \sum_{i=0}^{n-1}(V_{i+1} - V_i)B_{i,n-1}(u) = \sum_{j=1}^{n}V_j B_{j-1,n-1}(u) - \sum_{i=0}^{n-1}V_i B_{i,n-1}(u)$$

对曲线 $\sum_{j=1}^{n}V_j B_{j-1,n-1}(u)$ 和 $\sum_{i=0}^{n-1}V_i B_{i,n-1}(u)$ 利用几何作图法，可知：

$$\sum_{j=1}^{n}V_j B_{j-1,n-1}(u) = V_1^{n-1}, \quad \sum_{i=0}^{n-1}V_i B_{i,n-1}(u) = V_0^{n-1}$$

所以 $r'(u)/n = V_1^{n-1} - V_0^{n-1}$ 这就证明了线段 $V_0^{n-1}V_1^{n-1}$ 与 Bezier 曲线相切的结论。

应用这个分裂算法，可以把一条 Bezier 曲线一分为二，二分为四，

四分为八。图 3-7 给出了这个分裂过程。通过这个分裂过程,使曲线的
"柔性"不断增加,即可以通过调整控制顶点,使曲线的"局部"发生变
化,如图 3-9 和图 3-10 所示。因为一个子曲线的控制顶点只与该子曲
线相关,与其他子曲线无关。

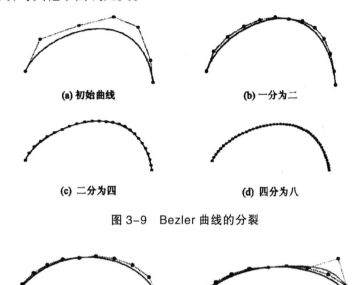

(a) 初始曲线   (b) 一分为二

(c) 二分为四   (d) 四分为八

图 3-9　Bezler 曲线的分裂

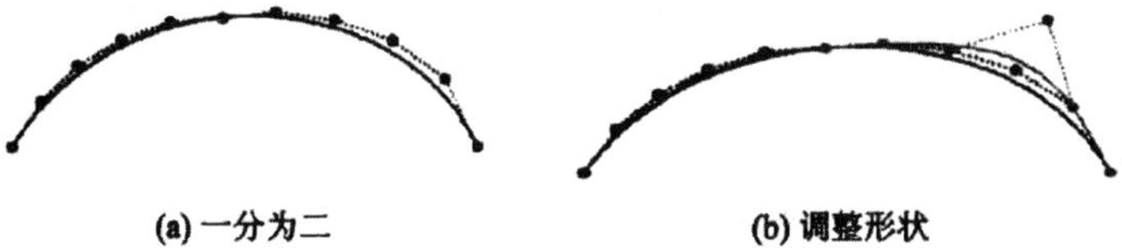

(a) 一分为二   (b) 调整形状

图 3-10　曲线分裂与形状调整

3.2.3 Bezier 曲线的拼接

如图 3-11 所示,有两段 Bezier 曲线。

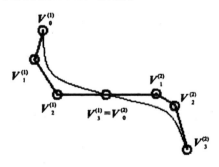

图 3-11　两段 Bezier 曲线的拼接

（1）这两段 Bezier 曲线 G^0 连续的条件是：

$$V_3^{(1)} V_0^{(2)}$$

即两点重合。

（2）这两段 Bezier 曲线 G^1 连续的条件是：

$$\frac{3}{\alpha_1}\left[V_3^{(1)} - V_2^{(1)}\right] = \frac{3}{\alpha_2}\left[V_1^{(2)} - V_0^{(2)}\right] = T$$

即三点共线。

（3）为了让这两条 Bezier 曲线 G^2 连续，需要以下三个条件同时满足：

① $r^{(1)}(1) = r^{(2)}(0)$，端点重合；

② $\begin{cases} r^{(1)'}(1) = \alpha_1 T \\ r^{(2)'}(0) = \alpha_2 T \end{cases}$，切方向相同；

③ $\dfrac{r^{(1)'}(1) \times r^{(1)''}(1)}{\left|r^{(1)'}(1)\right|^3} = \dfrac{r^{(2)'}(0) \times r^{(2)''}(0)}{\left|r^{(2)'}(0)\right|^3}$，曲率中心重将条件②代入条件

③有：

$$T \times r^{(2)''}(0) = \zeta T \times r^{(1)''}(1)$$

上式说明，第二条曲线起始点的二阶导在第一条曲线的起始点的密切面上（即一阶导和二阶导决定的平面），即

$$r^{(2)''}(0) = \zeta r^{(1)''}(1) + \eta r^{(1)'}(1)$$

根据 Bezier 曲线的端点性质有：

$$6\left[V_0^{(2)} - 2V_1^{(2)} + V_2^{(2)}\right] = 6\zeta\left[V_1^{(1)} - V_2^{(1)} + V_3^{(1)}\right] + 3\eta\left[V_3^{(1)} - V_2^{(1)}\right]$$

进行多项式变换有：

$$6\left[V_0^{(2)} - V_1^{(2)}\right] + 6\left[V_2^{(2)} - V_1^{(2)}\right]$$

$$= 6\zeta\left[V_1^{(1)} - V_2^{(1)}\right] + \zeta\left[V_3^{(1)} - V_2^{(1)}\right] + 3\eta\left[V_3^{(1)} - V_2^{(1)}\right]$$

对上式最后两项进行合并，并对系数进行变量替换得：

$$\left[V_0^{(2)} - V_1^{(2)}\right] + \left[V_2^{(2)} - V_1^{(2)}\right] = \alpha\left[V_1^{(1)} - V_2^{(1)}\right] + \beta\left[V_3^{(1)} - V_2^{(1)}\right]$$

则 $\Theta\left[V_0^{(2)} - V_1^{(2)}\right] = \gamma\left[V_3^{(1)} - V_2^{(1)}\right]$，即三点共线

$$\gamma\left[V_3^{(1)} - V_2^{(1)}\right] + \left[V_2^{(2)} - V_1^{(2)}\right] = \alpha\left[V_1^{(1)} - V_2^{(1)}\right] + \beta\left[V_3^{(1)} - V_2^{(1)}\right]$$

再次对系数进行整理并进行变量替换得：

$$\left[V_2^{(2)} - V_1^{(2)}\right] = \alpha\left[V_1^{(1)} - V_2^{(1)}\right] + \beta\left[V_3^{(1)} - V_2^{(1)}\right]$$

上式说明，向量 $V_2^{(2)} - V_1^{(2)}$ 可以由向量 $V_1^{(1)} - V_2^{(1)}$ 和向量 $V_3^{(1)} - V_2^{(1)}$ 线性表示，即向量 $V_2^{(2)} - V_1^{(2)}$ 在向量 $V_1^{(1)} - V_2^{(1)}$ 和向量 $V_3^{(1)} - V_2^{(1)}$ 决定的平面上。后面两个向量有公共点 $V_2^{(1)}$，所以它们决定的平面就是三点 $V_1^{(1)}$，$V_2^{(1)}$ 和 $V_3^{(1)}$ 决定的平面，因此 $V_2^{(2)}$，$V_1^{(2)}$ ，在三点 $V_1^{(1)}$，$V_2^{(1)}$ 和 $V_3^{(1)}$ 决定的平面上。为方便，把这个条件简称为"五点共面"。"五点共面"是两段 Bezier 曲线在拼合点二阶连续的必要条件，不是充分条件。

3.3　B 样条曲线

B 样条是基（bais）样条的缩写。B 样条函数的研究最早开始于 19 世纪，当时 N.Lobachevsky 把 B 样条作为某些概率分布的卷积。1946 年，I.J.Schoenberg 利用 B 样条进行了统计数据的光滑化处理，他的论文开创了样条逼近的现代理论。随后，C.de Boor.M.Cox 和 L.Mansfield 发现了 B 样条的递推关系。不过，B 样条作为 CAD 造型理论的基本方法，是戈登（Gordon）与里森费尔德（Riesenfeld）在研究 Bezier 方法的基础上引入的。

3.3.1 均匀三次 B 样条曲线

已知给定 V_0, V_1, V_2, V_3 和一组三次 Bernstein 基函数 $B_{0,3}(u)$，$B_{1,3}(u)$，$B_{2,3}(u)$，$B_{3,3}(u)$，可以通过它们的线性组合构造一条三次的 Bezier 曲线：

$$r(u) - V_0 B_{0,3}(u) + V_1 B_{1,3}(u) + V_2 B_{2,3}(u) + V_3 B_{3,3}(u) \quad (3\text{-}3\text{-}1)$$

表达式（3-3-1）的含义是三次多项式空间的元 $r(u)$ 可以表示为四

个基函数 $B_{0,3}, B_{1,3}, B_{2,3}, B_{3,3}$ 的线性组合。如果改变线性表达式中的基函数，$r(u)$ 所表示的曲线可能与式（3-3-1）所表示的曲线有不同的几何性质。三次多项式空间的基函数为

$$\left.\begin{aligned}
N_{0,3}^{J}(u) &= \frac{1}{6}(1-u)^3 \\
N_{1,3}^{J}(u) &= \frac{1}{6}(3u^3 - 6u^2 + 4) \\
N_{2,3}^{J}(u) &= \frac{1}{6}(-3u^3 + 3u^2 + 3u + 1) \\
N_{3,3}^{J}(u) &= \frac{1}{6}u^3
\end{aligned}\right\} \qquad (3\text{-}3\text{-}2)$$

其中，$u \in [0,1]$。用 $N_{0,3}^{J}(u)$，$N_{1,3}^{J}(u)$，$N_{2,3}^{J}(u)$，$N_{3,3}^{J}(u)$ 替换方程（3-3-1）中的 Bernstein 基函数，有：

$$r^{J}(u) = V_0 N_{0,3}^{J}(u) + V_1 N_{1,3}^{J}(u) + V_2 N_{2,3}^{J}(u) + V_3 N_{3,3}^{J}(u) \qquad (3\text{-}3\text{-}3)$$

其中，$u \in [0,1]$。通过简单的验证表明，式（3-3-1）式（3-3-3）作为曲线方程，其所表示的曲线具有不同的几何形状。

已经知道 Bezier 曲线的几何性质：凸包性和端点性质（曲线在端点的 0 阶导、1 阶导、2 阶导和控制顶点的关系式）。下面分析均匀三次 B 样条曲线的几何性质。均匀三次 B 样条的四个基函数对应的曲线如图 3-12 所示。容易验证，$N_{i,3}(u) \geq 0 (i=0,1,2,3)$，并且

$$N_{0,3}^{J}(u) + N_{1,3}^{J}(u) + N_{2,3}^{J}(u) + N_{3,3}^{J}(u) = 1$$

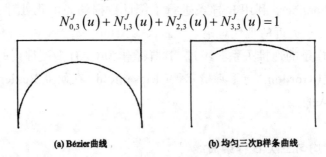

(a) Bézier曲线　　　　　　(b) 均匀三次B样条曲线

图 3-12　Bezier 曲线和均匀三次 B 样条曲线的比较

这说明，像 Bernstein 基函数组一样，三次均匀 B 样条基函数组也具有权性。于是，均匀三次 B 样条曲线 $r(u)$ 在顶点 V_0, V_1, V_2, V_3 形成的凸包中。

在给定控制顶点 $V_0, V_1, \cdots, V_n$，如何利用基于方程（3-3-3）定义的均

匀三次 B 样条曲线段构造一条由这些曲线段拼合而成的光滑曲线？根据方程（3-3-3），四个控制顶点定义一条曲线段，因此首先对 $V_0, V_1, \cdots, V_n$，给出一个分组方案：

$$V_{i+0}, V_{i+1}, V_{i+2}, V_{i+3}, i = 0, \cdots, n-3 \qquad (3\text{-}3\text{-}4)$$

于是方程（3-3-3）可以改写为

$$r_i^J(u) = V_{i+0} N_{0,3}^J(u) + V_{i+1} N_{1,3}^J(u) + V_{i+2} N_{2,3}^J(u) + V_{i+3} N_{3,3}^J(u) = \sum_{j=0}^{3} N_{j,3}^J(u) V_{i+j} \qquad (3\text{-}3\text{-}5)$$

式中，$u \in [0,1], i = 0, \cdots, n-3$ 其矩阵表达式为 .

$$r_i^J(u) = \left[N_{0,3}^J(u) \quad N_{1,3}^J(u) \quad N_{2,3}^J(u) \quad N_{3,3}^J(u) \right] \left[V_{i+0} \quad V_{i+1} \quad V_{i+2} \quad V_{i+3} \right]^T$$

即

$$r_i^J(u) = \frac{1}{6} \left[1 \quad u \quad u^2 \quad u^3 \right] \begin{bmatrix} 1 & 4 & 1 & 0 \\ -3 & 0 & 3 & 0 \\ 3 & -6 & 3 & 0 \\ -1 & 3 & -3 & 1 \end{bmatrix} \begin{bmatrix} V_i \\ V_{i+1} \\ V_{i+2} \\ V_{i+3} \end{bmatrix} \qquad (3\text{-}3\text{-}5')$$

式中，$u \in [0,1], i = 0, \cdots, n-3$。

对于方程（3-3-5）定义的均匀三次 B 样条曲线，可以通过其控制顶点的特殊分布达到特殊的造型效果。下面分几种情况讨论这些特殊的造型效果。

（1）如果 $V_i, V_{i+1}, V_{i+2}, V_{i+3}$ 四点共线，则曲线段 $r_i^J(u)$ 是直线段，如图 3-13 所示。这个结论根据均匀三次 B 样条曲线段的凸包性质可以得到。因为四个共线顶点形成的凸包是一条直线段，既然 $r_i^J(u)$ 包含在这个直线段中，那么 $r_i^J(u)$ 也是直线段。

（2）如果 V_i, V_{i+1}, V_{i+2} 三点共线，那么曲线段 $r_i^J(u)$ 在起点与这三点所在的直线相切，如图 3-14 所示。这个结论根据端点性质方程（3-3-4）和方程（3-3-5）可以得到。因为 $r_i^J(u)$ 的起点是这三点形成三角形中线的一个三等分点，那么这三点共线时，起点就在这三点形成的线段上。而且，$r_i^J(u)$ 起点处的切线平行于三角形底边，此时当然就是线段所在的直线。这就证明了"$r_i^J(u)$ 在起点与这三点所在的直线相切"的结论。

图 3-13　四个控制顶点共线时的均匀三次 B 样条曲线段

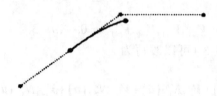

图 3-14　三个控制顶点共线时的均匀三次 B 样条曲线段

（3）如果 V_{i+1}，V_{i+2} 两点重合，曲线段 $r_i^J(u)$ 在起点和终点分别与控制多边形的边相切，如图 3-15 所示。这个结论可以由上一个结论证明，证明过程作为练习题留给读者。

（4）如果 V_i，V_{i+1}，V_{i+2} 三点重合，均匀三次 B 样条曲线经过这个重合点，并且这个重合点是曲线中的尖点，如图 3-16 所示。对于曲线段 $r_{i-1}^J(u)$ 和 $r_i^J(u)$ 的控制顶点都是四点共线的情况，根据情况（1）的描述，这两个曲线段此时都是直线段。根据端点性质方程（3-3-4），$r_{i-1}^J(1) = r_i^J(0) = V_j$。这就证明了结论。

图 3-15　两顶点重合时的均匀三次 B 样条曲线段

图 3-16　三顶点重合时的两段均匀三次 B 样条曲线段

学习本小节，不但可以熟悉均匀三次 B 样条曲线段的性质，还可以掌握均匀三次 B 样条曲线形成特殊造型效果的方法。

3.3.2 均匀二次 B 样条曲线

为了对样条曲线有更加深刻的感性认识,本节给出均匀二次 B 样条曲线的表达式,并简要介绍其基本性质。对一组给定的控制顶点 $V_0, V_1, \cdots, V_{n-1}, V_n$,均匀二次 B 样条曲线可表示为

$$
\begin{aligned}
r_i^J(u) &= \sum_{j=0}^{2} N_{j,3}^J(u) V_{i+j} \\
&= \begin{bmatrix} N_{0,2}^J(u) & N_{1,2}^J(u) & N_{2,2}^J(u) \end{bmatrix} \begin{bmatrix} V_i & V_{i+1} & V_{i+2} \end{bmatrix}^T \quad (3\text{-}3\text{-}6) \\
&= \begin{bmatrix} 1 & u & u^2 \end{bmatrix} \frac{1}{2!} \begin{bmatrix} 1 & 1 & 0 \\ -2 & 2 & 0 \\ 1 & -2 & 1 \end{bmatrix} \begin{bmatrix} V_i \\ V_{i+1} \\ V_{i+2} \end{bmatrix}
\end{aligned}
$$

式中,$u \in [0, i]$,$i = 0, \ldots, n-2$。根据表达式(3-3-6)经过简单计算可以知道,均匀二次 B 样条曲线段的首末端点分别与控制多边形相应边的中点重合,而且与相应的边相切,如图 3-17(a)、(b)所示。由此也可以知道,均匀二次 B 样条曲线 C^1 连续。既然均匀三次 B 样条曲线 C^2 连续,那么均匀三次 B 样条曲线比均匀二次 B 样条曲线更加光顺,这就是均匀三次 B 样条曲线比均匀二次 B 样条曲线更加常用的原因。

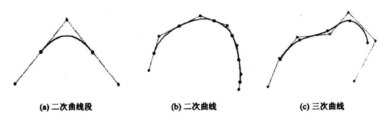

(a) 二次曲线段　　　　(b) 二次曲线　　　　(c) 三次曲线

图 3-17　均匀二次和三次 B 样条曲线

3.3.3 非均匀 B 样条曲线

定义:给定条件:

①控制顶点 $V_0, V_1, \cdots, V_n$;

②B 样条基函数的次数 k;

③节点矢量 $U = [u_0, u_1, \cdots, u_k, u_{k+1}, \cdots, u_n, u_{n+1}, \cdots, u_{n+k+1}]$,可以唯一定义

非均匀三次 B 样条曲线为

$$r(u) = \sum_{i=0}^{n} N_{i,k}(u) V_i \qquad (3\text{-}3\text{-}7)$$

式中，$u \in [u_k, u_{n+1}]$。

对于这个定义，首先解释节点矢量 $U = [u_0, u_1, \cdots, u_k, u_{k+1}, \cdots, u_n, u_{n+1}, \cdots, u_{n+k+1}]$ 中最后一个节点的下标为什么是 $n+k+1$。根据线性组合表达式可知，一个控制顶点对应一个基函数。根据 B 样条基函数的递推定义，一个 B 样条基函数对应一个节点（支撑区间内的第一个节点），这种对应关系如图 3-18 所示。

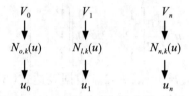

图 3-18　B 样条曲线控制顶点、基函数和节点的对应关系

对于图 3-18 中的最后一组对应关系：

$$V_n \rightarrow N_{n,k}(u) \rightarrow u_n$$

由于 $N_{n,k}(u)$ 的支撑区间内应该包含 $k+2$ 个节点，所以为了定义 $N_{n,k}(u)$，需要在 u_n 后再增加 $k+1$ 个节点：$u_{n+1}, \cdots, u_{n+k+1}$。这样，节点矢量 U 的最后节点就是 u_{n+k+1}。在定义中，U 的最后一个节点的下标是 $n+k+1$ 的原因。

现在解释为什么非均匀三次 B 样条曲线 $r(u)$ 的定义域是 $[u_k, u_{n+1}]$。对节点序列 $u_1, \cdots, u_k, u_{k+1}, \cdots, u_n, u_{n+1}, \cdots, u_{n+k+1}$ 分析可知，仅节点区间 $[u_k, u_{k+1}], \cdots, [u_n, u_{n+1}]$ 上的基函数个数为"满"，根据 B 样条基函数的性质，只有这些区间可以作为定义域内的节点区间，这些节点区间的并集才是 $[u_k, u_{n+1}]$。下面介绍非均匀 B 样条曲线的另一个重要性质。

对于非均匀 B 样条曲线 $r(u)$，如果将首末两个节点的重数设置为 $k+1$，即

$$u_0 = u_1 = \cdots = u_k, \quad u_{n+1} = \cdots = u_{n+k+1}$$

那么：

（1）曲线的首末端点与控制多边形的首末端点重合；

（2）曲线在首末端点的位置分别与控制多边形的首末两条边相切；

（3）曲线在端点的曲率中心分别在首末各三个点确定的平面上，即曲线在端点处具有与 Bezier 曲线相似的性质。

证明：（1）在端节点为 $k+1$ 重的情况下，根据递推公式经过简单计算可以发现：$N_{0,k}(u_k)=1$，$N_{i,k}(u_k)=0(i \geq 1)$，所以有 $r(u_k)=V_0$。类似地，$r(u_{n+1})=V_n$。

（2）根据 B 样条基函数的求导公式：

$$\frac{\mathrm{d}}{\mathrm{d}u}N_{i,k}(u)=k\left[\frac{N_{i,k-1}(u)}{u_{i+k}-u_i}-\frac{N_{i+1,k-1}(u)}{u_{i+k+1}-u_{i+1}}\right]$$

对式（3-3-7）求导后展开，则 $N_{i,k-1}(u_k)$、$N_{i,k-1}(u_n)=0(i \geq 0)$ 有：

$$r'(u_k)=k\frac{V_1-V_0}{u_{k+1}-u_1}, r'(u_{n+1})=k\frac{V_n-V_{n-1}}{u_{n+k}-u_n},$$

（3）对 $r'(u)$ 再次求导，则 $r''(u)$ 的表达式中 $N_{i,k-2}(u_k)$、$N_{i,k-2}(u_n)$$(i \geq 0)$ 有：

$$r''(u_k)=k(k-1)\frac{\dfrac{V_2-V_1}{u_{k+2}-u_2}-\dfrac{V_1-V_0}{u_{k+1}-u_1}}{u_{k+1}-u_2},$$

$$r''(u_{n+1})=k(k-1)\frac{\dfrac{V_n-V_{n-1}}{u_{n+k}-u_n}-\dfrac{V_{n-1}-V_{n-2}}{u_{n+k-1}-u_{n-1}}}{u_{n+k-1}-u_n},$$

正是基于这个性质，现有软件中采用两端为 $k+1$ 重节点的节点矢量 U 才可以使非均匀 B 样条曲线在端点处继承 Bezier 曲线的优良特性，如图 3-19 所示。

（a）CATIA 中的 B 样条曲线　　（b）一端具有 3 重节点的二次 B 样条曲线

图 3-19　端节点为 $k+1$ 重节点的造型效果（k 是基函数次数）

定义了一条非均匀 B 样条曲线，如何得到定义域内任意一个参数 u 对应的点 $r(u)$？一般有以下两种方法。

（1）直接计算基函数 $N_{i,k}(u)$ 对应的值 $i=0$，$\cdots$，n，然后计算 $\sum\limits_{i=0}^{n} N_{i,k}(u)V_i$。

（2）利用 de-Boor 算法，通过控制顶点的线性递推得到 $r(u)$。

de-Boor 算法类似于 de-Casteljau 算法，计算快速稳定。de-Boor 算法通过如下方式定义：

设 $u \in [u_i, u_{i+1}] \subset [u_k, u_{n+1}]$，那么

$$V_j^s = \begin{cases} V_j, & s=0 \\ (1-\alpha_j^s)V_j^{s-1} + \alpha_j^s V_{j+1}^{s-1}, & s>0 \end{cases}$$

$$j=i-k,\cdots,i-s; s=1,2,\cdots,k$$

$$\alpha_j^s = \frac{u-u_{j+s}}{u_{j+k+1}-u_{j+s}}, \quad \text{约定} 0/0=0$$

de-Boor 算法的计算公式可以利用 B 样条基函数的递推公式得到，为了讨论的简洁，这里直接列出 de-Boor 算法的递推公式，不进行证明。下面介绍如何使用这个递推公式。

（1）对于给定的参数 u，确定 u 所在的参数区间 $[u_i, u_{i+1}]$。确定了下标 i 也就确定了 u 所在的参数区间。如果 $u=u_i$ 或者 $u=u_{i-1}=u_i$，取 $u \in [u_i, u_i+1]$。

（2）取控制顶点 $V_{i-k}, V_{i-k-1}, \cdots, V_i$，共取到 $k+1$ 个控制顶点。

（3）s 从 1 到 k 循环：

$$V_j^s = (1-\alpha_j^s)V_j^{s-1} + \alpha_j^s V_{j+1}^{s-1}, j=i-k,\cdots,i-s$$

当节点矢量 $U = \left[\underbrace{0\ 0\ \cdots\ 0}\ 1\ \underbrace{1\ \cdots\ 1} \right]$ 时，非均匀 B 样条曲线成为 Bezier 曲线，de-Boor 算法成为 de-Casteljau 算法。

3.4 NURBS 曲线

NURBS（Non-UniformRationalB Spline，非均匀有理 B 样条）方法提出的重要理由就是找到与 B 样条方法统一又能精确表述圆锥曲线曲面的数学方法。NURBS 方法使得圆锥曲线曲面与 B 样条曲线曲面在表达形式和计算方法上统一起来，因而可以采用统一的数据库来存储它们。因此，NURBS 成为产品外形表示中最受欢迎的工具。

3.4.1 NURBS 曲线与非均匀 B 样条曲线

NURBS 曲线实际上是齐次坐标下的非均匀 B 样条曲线。顶点 V_i 的齐次坐标为

$$\boldsymbol{D}_i = \begin{bmatrix} \omega_i, & \boldsymbol{V}_i, & \omega_i \end{bmatrix} = \begin{bmatrix} \omega_i x_i, & \omega_i y_i, & \omega_i z_i, \omega_i \end{bmatrix} \quad \omega_i \neq 0$$

反过来，如果知道某一个顶点的齐次坐标 $[x_D, y_D, z_D, \omega_D](\omega_D \neq 0)$ 那么该顶点的普通坐标为

$$[x, y, z] = [x_D / \omega_D, y_D / \omega_D, z_D / \omega_D] \tag{3-4-1}$$

将非均匀 B 样条曲线的定义式（3-4-1）中的顶点 V_i 换成齐次坐标为

$$r(u) = \sum_{i=0}^{n} N_{i,k}(u) \boldsymbol{D}_i = \sum_{i=0}^{n} N_{i,k}(u) \begin{bmatrix} \omega_i x_i, & \omega_i y_i, & \omega_i z_i, \omega_i \end{bmatrix}$$

即

$$r(u) = \left[\sum_{i=0}^{n} N_{i,k}(u) \omega_i x_i, \sum_{i=0}^{n} N_{i,k}(u) \omega_i y_i, \sum_{i=0}^{n} N_{i,k}(u) \omega_i z_i, \sum_{i=0}^{n} N_{i,k}(u) \omega_i \right]$$

所以

$$r(u) = \left[\frac{\sum_{i=0}^{n} N_{i,k}(u) \omega_i x_i}{\sum_{i=0}^{n} N_{i,k}(u) \omega_i}, \frac{\sum_{i=0}^{n} N_{i,k}(u) \omega_i y_i}{\sum_{i=0}^{n} N_{i,k}(u) \omega_i}, \frac{\sum_{i=0}^{n} N_{i,k}(u) \omega_i z_i}{\sum_{i=0}^{n} N_{i,k}(u) \omega_i} \right]$$

将上式写为矢量形式：

$$r(u)=\sum_{i=0}^{n}N_{i,k}(u)\omega_iV_i\bigg/\sum_{i=0}^{n}N_{i,k}(u)\omega_i \qquad (3\text{-}4\text{-}2)$$

式（3-4-2）就是 NURBS 曲线的表达式。其节点矢量、控制顶点、基函数的定义与非均匀 B 样条曲线完全相同。为了使 NURBS 曲线具有 Bezier 曲线的端点性质，通常将节点矢量中的首末节点设置为 $k+1$ 重节点；为防止分母为 0，一般设置首末权因子 $\omega_0,\omega_n>0$，其余 $\omega_i\geqslant 0$。

显然，当所有的权因子都取为 1 时，NURBS 曲线就是非均匀 B 样条曲线。

3.4.2 NURBS 曲线的几何意义

为了弄清楚 NURBS 曲线的几何意义，分如下几步来讨论。

（1）假设 $\omega=1$ 的平面上有控制多边形为 $V_0V_1V_2V_3$，给定节点矢量和基函数次数，这些条件唯一确定非均匀 B 样条曲线 $r(u)$，见图 3-2（b）、（c）。

（2）连接 O 和 $V_i(i=0,1,2,3)$ 得到射线 $OV_i(i=0,1,2,3)$，在该射线上取点 D_i（$i=0,1,2,3$），$D_i=\left[\omega_iV_{ix},\omega_iV_{iy},\omega_i\right]$（这里 $V_i=\left[V_{ix},V_{iy},1\right]$）。由此就可以知道，在该射线 OV_i 上取的点 D_i 的位置不同，等价于 $\left[V_{ix},V_{iy}\right]$ 取不同的权因子 ω_i。无论 D_i 在射线上的位置如何，D_i 在 $\omega=1$ 平面上始终是 V_i。

（3）在图 3-20 和图 3-21 中，以 $D_i(i=0,1,2,3)$ 形成的三维空间中的多边形为控制多边形构造非均匀 B 样条曲线 $R(u)$，其节点矢量和次数与 $r(u)$ 相同。显然，只要变动任何一个 D_i（约定变动 $D_i=\left[\omega_iV_{ix},\omega_iV_{iy},\omega_i\right]$ 中的 ω_i），$R(u)$ 的形状就会随之变化。

（4）把 $R(u)$ 连同其控制多边形 $D_0D_1D_2D_3$ 向 $\omega=1$ 平面投影，多边形 $D_0D_1D_2D_3$ 投影成多边形 $V_0V_1V_2V_3$，而 $R(u)$ 的影像 $r^D(u)$ 则随着 D_i（即 ω_i）的不同而不同，即可以通过变换 ω_i，得到无穷无尽的 $r^D(u)$。这说明了引入权因子的确可以丰富曲线的表现效果。

上述变换过程还说明，NURBS 曲线的几何本质是控制顶点的齐次坐标定义的高一维空间中的非均匀 B 样条曲线向 $\omega=1$ 这个超平面投影得到的影像曲线。根据透视投影的原理，与直接根据控制顶点构造非均匀 B 样条曲线相比，这个过程的确丰富了曲线的造型效果，而且直接根据控制顶点构造的非均匀 B 样条曲线是 NURBS 曲线的特例。

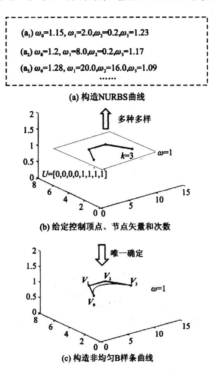

图 3-20　NURBS 曲线与非均匀 B 样条曲线的比较

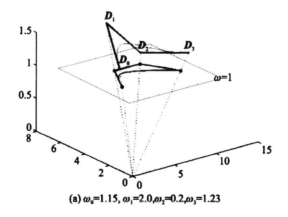

(a) $\omega_0=1.15$, $\omega_1=2.0$, $\omega_2=0.2$, $\omega_3=1.23$

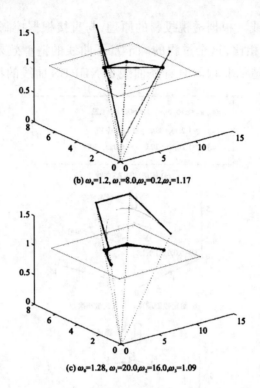

(b) ω_0=1.2, ω_1=8.0,ω_2=0.2,ω_3=1.17

(c) ω_0=1.28, ω_1=20.0,ω_2=16.0,ω_3=1.09

图 3-21　透视投影与 NURBS 曲线

3.4.3 NURBS 曲线的表示

3.4.3.1 圆锥的 NURBS 表示

二次 NURBS 曲线：

$$r(u) = \frac{\sum\limits_{i=0}^{2}\omega_i N_{i,2}(u)V_i}{\sum\limits_{i=0}^{2}\omega_i N_{i,2}(u)} = \frac{\omega_0(1-u)^2 V_0 + \omega_1 2u(1-u)V_1 + \omega_2 u^2 V_2}{\omega_0(1-u)^2 + \omega_1 2u(1-u) + \omega_2 u^2} \quad (3\text{-}4\text{-}3)$$

表示圆锥曲线的几种情况是：

（1）当 $\omega_1^2 / \omega_0\omega_2 = 1$ 时表示抛物线；

（2）当 $\omega_1^2 / \omega_0\omega_2 > 1$ 时表示双曲线；

（3）当 $\omega_1^2 / \omega_0\omega_2 < 1$ 时表示椭圆弧。

这里的节点矢量为 $U=[0,0,0,1,1,1]$. 此时的二次 NURBS 曲线实际上是二次有理 Bezier 曲线。这个结论的证明比较烦琐,本书直接认同此结论。

圆弧是工程中最常见的一类曲线,下面讨论如何用 NURBS 方法表示圆弧。既然圆是椭圆的特例,那么二次有理 Bezier 曲线也可以表示圆弧。现在假设 NURBS 曲线式(3-4-3)表示圆弧,由此讨论控制顶点和权因子满足的条件。

根据对称性, $\Delta V_0 V_1 V_2$ 是一个等腰三角形,如图 3-22 所示。由于曲线式(3-4-3)表示何种类型的圆,锥曲线仅由 $\omega_1^2 / \omega_0 \omega_2$ 的值决定,与 $\omega_i (i=0,1,2)$ 的实际大小无关,因此由对称性可以假设 $\omega_0 = \omega_2 = 1$。

根据方程(3-4-3)有:

$$P = r(0.5) = \frac{V_0 + 2\omega_1 V_1 + V_2}{2 + 2\omega_1}$$

不妨令 O 是坐标原点, $V_i = [V_{ix}, V_{iy}]$,该圆弧的半径是 1,则

$$|V_0 M| = \sin\theta, |OM| = \cos\theta, |OV_1| = 1/\cos\theta$$

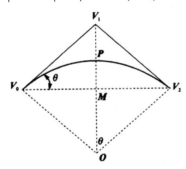

图 3-22 $\Delta V_0 V_1 V_2$ 等腰三角形

图 3-22 中 $\Delta V_0 V_1 V_2$ 是一个等腰三角形,所以:

$$V_{0y} = V_{2y} = \cos\theta, V_{1y} = 1/\cos\theta \qquad (3\text{-}4\text{-}4)$$

由方程(3-4-4)有:

$$\frac{V_{0y} + 2\omega_1 V_{1y} + V_{2y}}{2 + 2\omega_1} = P_y = 1$$

将式(3-4-4)代入上式有: $\omega_1 = \cos\theta$ 。这说明,当二次有理 Bezier 曲线方程(3-4-3)表示圆弧时,其控制顶点和权因子将满足以下条件:

（1）控制顶点 V_0, V_1, V_2 形成的三角形 $\triangle V_0 V_1 V_2$ 是等腰三角形；

（2）权因子 $\omega_0 = \omega_2 = 1, \omega_1 = \cos\theta$ 或者满足比例关系 $\omega_0 : \omega_1 : \omega_2 = 1 : \cos\theta : 1$。这里 θ 是 $\angle V_2 V_0 V_1$ 的大小。

可以验证，当以上两个条件满足时，二次有理 Bezier 曲线方程（3-4-3）表示圆弧。因此，以上两个条件是二次有理 Bezier 曲线方程（3-4-3）表示圆弧的充分必要条件。

3.4.3.2 圆弧的 NURBS 表示

对于半圆弧来说，$\omega_1 = \omega_3 = \sqrt{2}/2$，即半圆由两段圆心角为 90° 的圆弧拼接而成。类似的，3/4 圆周可以用 3 段圆心角为 90° 的圆弧拼接而成：

$$r(u) = \frac{\sum\limits_{i=0}^{6} \omega_i N_{i,2}(u) V_i}{\sum\limits_{i=0}^{6} \omega_i N_{i,2}(u)} \qquad (3\text{-}4\text{-}5)$$

其中，$\omega = [1, 1, \sqrt{2}/2, 1, \sqrt{2}/2, 1, 1]$，$U = [0,0,0,1/3,1/3,2/3,2/3,1,1,1]$，顶点 V_i（$i=0,1,\ldots,6$）如图 3-23 所示。整圆可以用 4 段圆心角为 90° 的圆弧拼接而成，$\omega = [1, \sqrt{2}/2, 1, \sqrt{2}/2, 1, \sqrt{2}/2, 1, \sqrt{2}/2, 1]$，$U = [0,0,0,1/4,1/4,1/2,1/2,3/4,3/4,1,1,1]$，顶点 V_i（$i=0,1,\cdots,6$）如图 3-24 所示。应该指出，对于圆心角小于 180° 的圆弧可以采用一段二次有理 Bezier 曲线表示。此时，对该有理 Bezier 曲线应用节点插入算法可以得到 NURBS 曲线方程（3-4-5）。由于本书没有讨论 B 样条曲线和 NURBS 曲线的节点插入算法，因此这里采用的是先给出方程（3-4-5）再验证的论述方法。

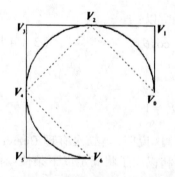

图 3-23　3/4 圆周的 NURBS 表示

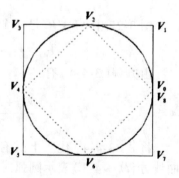

图 3-24　整圆周的 NURBS 表示

3.5　自由曲面造型方法

曲面是产品外形表示中必不可少的几何元素,不同于曲线造型。曲面的造型技术理论上比曲线造型更加复杂;曲面造型的方法较多。

3.5.1 张量积曲面

张量(tensor)理论是数学的一个分支学科,在力学中有重要应用。张量这一术语起源于力学,最初用来表示弹性介质中各点的应力状态,后来张量理论发展成力学和物理学的一个的数学工具,这里给出张量最基本的解释。张量的概念可以认为是向量概念的推广。通常认为,0 阶张量是标量,1 阶张量是向量,2 阶张量是矩阵。张量积在数学上有严格的定义,后来经过扩展,将这个定义一般化为:由多个张量对象得到一个张量对象,并且满足一定结合规则和交换规则的操作都可视为"张量积"。例如,表达式(3-5-1)的矩阵相乘的形式,这是一个双线性表达式的形式。本节主要论述表达式可以写成这种形式的曲面。为了论述的方便,我们把形式如表达式(3-5-1),且内部无限可微的曲面称为曲面片,而把曲面片的拼合形式称为曲面。在不引起混淆的情况下,也把曲面片称为曲面。

$$[a_1,\cdots,a_m]\begin{bmatrix} c_{1,1} & \cdots & c_{1,n} \\ \vdots & & \vdots \\ c_{m,1} & \cdots & c_{m,n} \end{bmatrix}\begin{bmatrix} b_1 \\ \vdots \\ b_n \end{bmatrix} \tag{3-5-1}$$

3.5.1.1 Ferguson 曲面片

如图 3-25 (a)所示,设 $r_{0,0}r_{1,0}$ 是第一条线段, $r_{0,1}r_{1,1}$ 是第二条线段。在 $r_{0,1}$ 和 $r_{0,0}$ 两个点中, $r_{0,1}$ 与 $r_{0,0}$ 的距离最近,即 $r_{0,1}$ 与 $r_{0,0}$ 是一对对应点;类似的, $r_{1,1}$ 与 $r_{0,1}$ 是一对对应点。这样,把线段 $r_{0,0}r_{1,0}$ 和 $r_{0,1}r_{1,1}$ 看作"导轨",让导轨之间的对应点连线形成"桥","桥"在"导轨"上滑动就形成了曲面,如图 3-25(b)所示。既然弄清楚了曲面片的构造方式,下面讨论一个更加深刻的问题：这样构造出的曲面片的方程是什么？为了解决这个问题，首先看线段 $r_{0,0}r_{1,0}$ 和线段 $r_{0,1}r_{1,1}$ 的方程。根据线性组合的原理，线段 $r_{0,0}r_{1,0}$ 的方程为

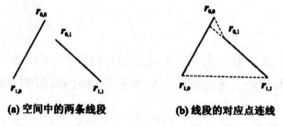

(a) 空间中的两条线段　　　　(b) 线段的对应点连线

图 3-25　构造插值于空间中两条线段的曲面片

$$r_0(v) = r_{0,0}(1-v) + r_{1,0}v, v \in [0,1]$$

线段 $r_{0,1}r_{1,1}$ 的方程为

$$r_1(v) = r_{0,1}(1-v) + r_{1,1}v, v \in [0,1]$$

约定：

$$F_0(v) = 1-v, F_1(v) = v, v \in [0,1]$$

于是上述方程可以写为

$$r_0(v) = r_{0,0}F_0(v) + r_{1,0}F_1(v)$$

$$r_1(v) = r_{0,1}F_0(v) + r_{1,1}F_1(v)$$

注意到，$r_0(v)$ 是线段 $r_{0,0}r_{1,0}$ 上的流动点，即随参数 v 的连续变化而连续变化的点；$r_1(v)$ 是线段 $r_{0,1}r_{1,1}$ 上的流动点。这两个对应的流动点连接成的线段方程为

$$r(u,v) = r_0(v)F_0(u) + r_1(v)F_1(u)$$

即

$$r(u,v) = \begin{bmatrix} F_0(u) & F_1(u) \end{bmatrix} \begin{bmatrix} r_0(v) \\ r_1(v) \end{bmatrix} = \begin{bmatrix} F_0(u) & F_1(u) \end{bmatrix} \begin{bmatrix} r_{0,0}F_0(v) & r_{0,1}F_1(v) \\ r_{1,0}F_0(v) & r_{1,1}F_1(v) \end{bmatrix}$$

亦即

$$r(u,v) = \begin{bmatrix} F_0(u) & F_1(u) \end{bmatrix} \begin{bmatrix} r_{0,0} & r_{0,1} \\ r_{1,0} & r_{1,1} \end{bmatrix} \begin{bmatrix} F_0(v) \\ F_1(v) \end{bmatrix} \qquad (3-5-2)$$

　　方程（3-5-2）就是通过两个直线段 $r_{0,0}r_{1,0}$ 和 $r_{0,1}r_{1,1}$ 的曲面片方程。实际上，方程（3-5-2）仅仅用到这两条直线段的端点，所以该方程可以看成空间内给定四个点 $r_{0,0}$、$r_{1,0}$、$r_{0,1}$、$r_{1,1}$ 的简单曲面片方程。方程

$$\begin{bmatrix} r_0(v) \\ r_1(v) \end{bmatrix} = \begin{bmatrix} r_{0,0} & r_{0,1} \\ r_{1,0} & r_{1,1} \end{bmatrix} \begin{bmatrix} F_0(v) \\ F_1(v) \end{bmatrix} \qquad (3\text{-}5\text{-}3)$$

是构造"导轨"的运算，如图 3-25（a）所示。方程

$$r(u,v) = \begin{bmatrix} F_0(u) & F_1(u) \end{bmatrix} \begin{bmatrix} r_0(v) \\ r_1(v) \end{bmatrix} \qquad (3\text{-}5\text{-}4)$$

是在"导轨"上"架桥"的运算，如图 3-25（b）所示。更形象确切地描述方程（3-5-3）和方程（3-5-4），就是在直线段"导轨"上架直线段的"桥"，这是一种非常简单理想的情况。在实际应用中，需要在弯曲的"导轨"上架弯曲的"桥"。

　　给定四个顶点 $r_{0,0}$、$r_{1,0}$、$r_{0,1}$、$r_{1,1}$ 和四个顶点的切矢量 $r_{u,0,0}$、$r_{v,0,0}$、$r_{u,1,0}$、$r_{v,1,0}$、$r_{u,0,1}$、$r_{v,0,1}$、$r_{u,1,1}$、$r_{v,1,1}$，如图 3-26 所示。

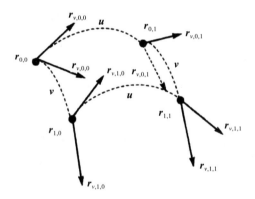

图 3-26　构造曲面片的插值条件分析

　　首先用 $r_{0,0}$、$r_{1,0}$、$r_{v0,0}$ 和 $r_{v1,0}$ 作为一组初始条件，$r_{0,1}$、$r_{1,1}$、$r_{v0,1}$、$r_{v1,1}$ 作为一组初始条件，分别构造 Ferguson 曲线作为"导轨"，即母线，如图 3-27（a）所示。然后，在两条母线上取对应点，在母线之间构造"桥"，即扫掠曲线。扫掠曲线的两端沿着母线移动，即沿母线扫掠，就形成了一个张量积曲面片，这个曲面片插值于图 3-27 中的初始条件。

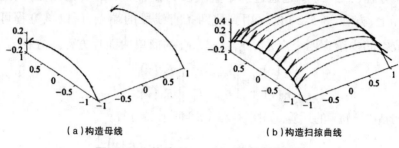

（a）构造母线　　　　　　　　　（b）构造扫掠曲线

图 3-27　构造 Ferguson 张量积曲面片

下面推导图 3-27（b）中张量积曲面片的表达式。既然把 $r_{0,0}$、$r_{1,0}$、$r_{v0,0}$、$r_{v1,0}$ 作为一组初始条件，$r_{0,1}$、$r_{1,1}$、$r_{v0,1}$、$r_{v1,1}$ 作为一组初始条件，分别对这两组条件构造 Ferguson 曲线段：

$$r_0(v) = \begin{bmatrix} r_{0,0} & r_{1,0} & r_{v,0,0} & r_{v,1,0} \end{bmatrix} \begin{bmatrix} F_0(v) \\ F_1(v) \\ G_0(v) \\ G_1(v) \end{bmatrix}$$

$$r_1(u) = \begin{bmatrix} r_{0,1} & r_{1,1} & r_{v,0,1} & r_{v,1,1} \end{bmatrix} \begin{bmatrix} F_0(v) \\ F_1(v) \\ G_0(v) \\ G_1(v) \end{bmatrix}$$

就得到了两条如图 3-27 所示的两条母线；再使用 $r_{u,0,0}$ 和 $r_{u,1,0}$ 作为位置矢量，0 和 0 作为相应的"切矢量"构造 Ferguosn 曲线：

$$r_{u0}(v) = r_{u,0,0} F_0(v) + r_{u,1,0} F_1(v) + 0 G_0(v) + 0 G_1(v)$$

这个 Ferguosn 曲线 $r_{u0}(v)$ 就是 $r_0(v)$ 上的跨界切矢量。类似的，有 $r_1(v)$ 上的跨界切矢量 $r_{u1}(v)$ 为

$$r_{u1}(v) = r_{u,0,1} F_0(v) + r_{u,1,1} F_1(v) + 0 G_0(v) + 0 G_1(v)$$

把 $r_0(v)$、$r_1(v)$、$r_{u0}(v)$、$r_{u1}(v)$ 看作一组初始条件，再次构造 Ferguosn 曲线，即扫掠曲线：

$$r(u,v)=\begin{bmatrix}F_0\,(u) & F_1\,(u) & G_0\,(u) & G_1\,(u)\end{bmatrix}\begin{bmatrix}r_0(v)\\ r_1(v)\\ r_{u0}(v)\\ r_{u1}(v)\end{bmatrix} \qquad (3\text{-}5\text{-}5)$$

在方程（3-5-5）中，u 连续变化，扫掠曲线连续运动，就形成了一张曲面片。方程（3-5-5）写成矩阵形式为

$$r(u,v)=\begin{bmatrix}F_0\,(u) & F_1\,(u) & G_0\,(u) & G_1\,(u)\end{bmatrix}\begin{bmatrix}r_{0,0} & r_{1,0} & r_{v,0,0} & r_{v,1,0}\\ r_{1,0} & r_{1,1} & r_{v,0,1} & r_{v,1,1}\\ r_{u,0,0} & r_{u,1,0} & 0 & 0\\ r_{u,0,1} & r_{u,1,1} & 0 & 0\end{bmatrix}\begin{bmatrix}F_0\,(v)\\ F_1\,(v)\\ G_0\,(v)\\ G_1\,(v)\end{bmatrix}$$

$$(3\text{-}5\text{-}6)$$

式中，$(u,v)\in[0,1]\times[0,1]$。这就是 Ferguson 在 20 世纪 60 年代初给出的构造飞机表面的曲面片，称为 Ferguson 曲面片。若干块曲面片就可以拼合成插值于曲面型值点的复杂曲面。方程（3-5-6）表示的 Ferguson 曲面片的主要缺陷是，四个角点的混合偏导数是 0，从而导致该曲面片的四个角点是"平点"，即角点的一个无穷小的区域内可以认为该曲面片的形状是"平点"。"平点"问题可以采用经典做分几何的方法进行论证。对于 $r_{i,j}(0,0)$ 处的 Gauss 曲率和平均曲率，经过简单的矩阵运算可以知道：$r_{uu,i,j}(0,0)=r_{uv,i,j}(0,0)=r_{vu,i,j}(0,0)=r_{vv,i,j}(0,0)=0$。根据简单计算可以知道，$r_{i,j}(u,v)$ 在参数（0,0）处的第二类基本量 $L=M=N=0$。

因此，由 Gauss 曲率和平均曲率的计算公式可以知道，$r_{i,j}(u,v)$ 在参数（0,0）处的 Gauss 曲率和平均曲率都是 0。这就是说，曲面 $r_{i,j}(u,v)$ 在角点 $r_{i,j}(0,0)$ 的一个邻近区域内，其形状接近于平面。显然，并不是在任何设计场合、平坦的曲面区域都是可以接受的，因此方程（3-5-6）作为曲面片的表达形式在 CAD 中并不太受欢迎。为此，人们对方程（3-5-6）进行改进：

$$r(u,v) = \begin{bmatrix} F_0(u) & F_1(u) & G_0(u) & G_1(u) \end{bmatrix} \begin{bmatrix} r_{0,0} & r_{1,0} & r_{v,0,0} & r_{v,1,0} \\ r_{1,0} & r_{1,1} & r_{v,0,1} & r_{v,1,1} \\ r_{u,0,0} & r_{u,1,0} & r_{uv,0,0} & r_{uv,1,0} \\ r_{u,0,1} & r_{u,1,1} & r_{uv,0,1} & r_{uv,1,1} \end{bmatrix} \begin{bmatrix} F_0(v) \\ F_1(v) \\ G_0(v) \\ G_1(v) \end{bmatrix}$$

$$(3\text{-}5\text{-}7)$$

式中，$(u, v) \in [0,1] \times [0,1]$，即认为四个角点的偏导数是存在的。这样采用张量积曲面片的构造方法就完成了插值曲面片的构造任务，这样的曲面片不仅插值于空间中的四个点，还插值于型值点处给定的一阶偏导数和混合偏导数。

3.5.1.2 Bezier 曲面片

给定空间点阵 $V_{i,j}, i = 0,1,\cdots,m; j = 0,1,\cdots,n$，构造张量积曲面为

$$r(u,v) = \begin{bmatrix} B_{0,m}(v), B_{1,m}(v), \cdots, B_{m,m}(v) \end{bmatrix} \begin{bmatrix} V_{0,0} & V_{0,1} & \cdots & V_{0,n} \\ V_{1,0} & V_{1,1} & \cdots & V_{1,n} \\ \vdots & \vdots & & \vdots \\ V_{m,0} & V_{m,1} & \cdots & V_{m,n} \end{bmatrix} \begin{bmatrix} B_{0,n}(u) \\ B_{1,n}(u) \\ \vdots \\ B_{n,n}(u) \end{bmatrix} \quad 0 \leq u,v \leq 1$$

可以简写为

$$r(u,v) = \sum_{i=0}^{m}\sum_{j=0}^{n} V_{i,j} B_{i,m}(v) B_{j,n}(u), \ 0 \leq u,v \leq 1$$

式中，$B_{i,m}$ 和 $B_{j,n}$ 分别是 Bernstein 基函数。根据前述关于张量积曲面片的定义和计算过程可知，Bezier 曲面片是张量积曲面片。因此，曲面上点的计算可以转化为曲线上点的计算。令

$$r_i(u) = \begin{bmatrix} V_{i,0}, V_{i,1}, \cdots, V_{i,4} \end{bmatrix} \begin{bmatrix} B_{0,n}(u) \\ B_{1,n}(u) \\ \vdots \\ B_{n,n}(u) \end{bmatrix} = \sum_{j=0}^{n} V_{i,j} B_{j,n}(u)$$

显然，$r_i(u)$ 是一条 Bezier 曲线。对于

$$r(u,v) = \begin{bmatrix} B_{0,m}(v), B_{1,m}(v), \cdots, B_{3,m}(v) \end{bmatrix} \begin{bmatrix} r_0(u) \\ r_1(u) \\ \vdots \\ r_m(u) \end{bmatrix}$$

把 $r_i(u)$ 看成数据点，$r(u,v)$ 也是一条 Bezier 曲线。因此，为了得到 Bezier 曲面上的点 $r(u_0,v_0)$，可如下进行：

（1）将控制网格每一行上的点看成 Bezier 曲线 $r_i(u)$ 的控制顶点，采用计算曲线上点的算法计算 $r_i(u_0)$，如图 3-28（a）所示。

（2）将 $r_i(u_0)$ 看成 Bezier 曲线 $r(u_0,v)$ 控制顶点，采用计算曲线上点的算法计算 $r(u_0,v_0)$，如图 3-28（b）所示。

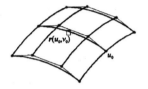

（a）根据 u 向各行控制顶点计算行方向曲线   （b）以各行方向曲线上相应的点

图 3-28　计算 Bezier 曲面上点的过程

为控制点计算曲面上的点，根据张量积曲面性质，将

$$r_j(v) = \left[B_{0,m}(v), B_{1,m}(v), \cdots, B_{3,m}(v) \right] \begin{bmatrix} V_{0,j} \\ V_{1,j} \\ \vdots \\ V_{m,j} \end{bmatrix}$$

和

$$r(u,v) = \left[r_0(v), r_1(v), \cdots, r_n(v) \right] \begin{bmatrix} B_{0,u}(u) \\ B_{1,u}(u) \\ \vdots \\ B_{n,n}(u) \end{bmatrix}$$

看成 Bezier 曲线，然后采用计算曲线上点的算法计算 $r(u_0,v_0)$。

3.5.1.3 均匀双三次 B 样条曲面片

均匀三次 B 样条曲面片是张量积曲面片，其表达式为

$$r(u,v) = \left[N_{0,3}^J(v), N_{1,3}^J(v), N_{2,3}^J(v), N_{3,3}^J(v) \right] \begin{bmatrix} V_{0,0} & V_{0,1} & V_{0,2} & V_{0,3} \\ V_{1,0} & V_{1,1} & V_{1,2} & V_{1,3} \\ V_{2,0} & V_{2,1} & V_{2,2} & V_{2,3} \\ V_{3,0} & V_{3,1} & V_{3,2} & V_{3,3} \end{bmatrix} \begin{bmatrix} N_{0,3}^J(u) \\ N_{1,3}^J(u) \\ N_{2,3}^J(u) \\ N_{3,3}^J(u) \end{bmatrix}$$

$$0 \le u,v \le 1$$

可以简写为

$$r(u,v) = \sum_{i=0}^{3} \sum_{j=0}^{3} V_{i,j} N_{i,3}(v) N_{j,3}(u), \ 0 \le u,v \le 1$$

式中，$N_{i,3}^{J}(u)$ 和 $N_{j,3}^{J}(u)$ 分别是均匀三次 B 样条基函数。根据前述关于张量积曲面片的定义和计算过程可知，均匀三次 B 样条曲面片是张量积曲面片。因此，曲面上点的计算可以转化为曲线上点的计算。令

$$r_i(u) = \begin{bmatrix} V_{i,0}, V_{i,1}, V_{i,3}, V_{i,4} \end{bmatrix} \begin{bmatrix} N_{0,3}^{J}(u) \\ N_{1,3}^{J}(u) \\ N_{2,3}^{J}(u) \\ N_{3,3}^{J}(u) \end{bmatrix} = \sum_{j=0}^{3} V_{i,j} N_{i,3}^{J}(u)$$

显然，$r_i(u)$ 是一条均匀三次 B 样条曲线段。于是，对于

$$r(u,v) = \begin{bmatrix} N_{0,3}^{J}(u), N_{1,3}^{J}(u), N_{2,3}^{J}(u), N_{3,3}^{J}(u) \end{bmatrix} \begin{bmatrix} r_0(u) \\ r_1(u) \\ r_2(u) \\ r_3(u) \end{bmatrix}$$

把 $r_i(v)$ 看成数据点，$r(u,v)$ 也是一条均匀三次 B 样条曲线段。因此，为了得到均匀双三次曲面上的点 $r(u_0,v_0)$，可如下进行：

（1）将控制网格每一行上的点看成均匀三次 B 样条曲线段 $r_i(u)$ 的控制顶点，采用计算曲线上点的算法计算 $r_i(u_0)$，如图 3-29（a）所示。

（2）将 $r_i(u_0)$ 看成均匀三次 B 样条曲线段 $r(u_0,v)$ 控制顶点，采用计算曲线上点的算法计算 $r(u_0,v_0)$，如图 3-29（b）所示。

根据张量积曲面性质，将

$$r_j(v) = \begin{bmatrix} N_{0,3}^{J}(u), N_{1,3}^{J}(u), N_{2,3}^{J}(u), N_{3,3}^{J}(u) \end{bmatrix} \begin{bmatrix} V_{0,j} \\ V_{1,j} \\ V_{2,j} \\ V_{3,j} \end{bmatrix}$$

和

$$r(u,v) = \left[r_0(v), r_1(v), r_2(v), r_3(v)\right] \begin{bmatrix} N_{0,3}^J(u) \\ N_{1,3}^J(u) \\ N_{2,3}^J(u) \\ N_{3,3}^J(u) \end{bmatrix}$$

看成均匀三次 B 样条曲线段,然后采用计算曲线,上点的算法计算 $r(u_0, v_0)$ 直接使用均匀三次 B 样条基函数,均匀双三次 B 样条曲面片的实现代码类似于 Bezier 曲面的实现代码。

（a）根据 u 向各行控制顶点计算行方向曲线　　（b）以各行方向曲线上相应的点为控制点计算曲线上的点

（c）均匀双三次B样条曲面片

（c）均匀双三次 B 样条曲面处

图 3-29　计算均匀三次 B 样条曲面片上点的过程

3.5.1.4 非均匀 B 样条曲面

$k \times 1$ 次 B 样条曲面可以表示为

$$r(u,v) = \left[N_{0,l}(v), N_{1,l}(v), \cdots, N_{m,l}(v)\right] \begin{bmatrix} V_{0,0} & V_{0,1} & \cdots & V_{0,m} \\ V_{1,0} & V_{1,1} & \cdots & V_{1,m} \\ \vdots & \vdots & & \vdots \\ V_{m,0} & V_{m,1} & \cdots & V_{m,n} \end{bmatrix} \begin{bmatrix} N_{0,k}(u) \\ N_{1,k}(u) \\ \vdots \\ N_{n,k}(u) \end{bmatrix}$$

$$(u,v) \in [u_k, u_{k+1}] \times [v_l, v_{m+1}]$$

可以简写为

$$r(u,v) = \sum_{i=0}^{m} \sum_{j=0}^{n} V_{i,j} N_{i,l}(v) N_{j,k}(u), (u,v) \in [u_k, u_{n+1}] \times [v_l, v_{m+1}]$$

式中,控制顶点 $V_{i,j}(i = 0, \cdots, m; j = 0, \cdots, n)$ 形成控制网格;$N_{j,k}(u)$ 和

$N_{j,k}(v)$ 分别是 k 次和 1 次的 B 样条基函数，它们分别由节点矢量

$$U = \underbrace{[u_0, u_1, \cdots u_k,}_{\text{前}k+1\text{个节点可取为重节点}} \cdots, u_n, \underbrace{u_{n+1}, u_{n+2}, \cdots u_{n+k+1}]}_{\text{后}k+1\text{个节点可取为重节点}}$$

$$V = \underbrace{[v_0, v_1, \cdots v_l}_{\text{前}l+1\text{个节点可取为重节点}}, \cdots, v_m, \underbrace{v_{m+1}, v_{m+2}, \cdots v_{m+l+1}]}_{\text{后}l+1\text{个节点可取为重节点}}$$

定义。类似于 Bezier 曲面上点的计算，非均匀 B 样条曲面上点的计算也可以转化为非均匀 B 样条曲线上点的计算。

3.5.2 参数样条插值曲面

在 Ferguson 曲面片的实际应用中，需要假设采集到的型值点是如图 3-30（a）所示的拓扑矩阵型点列 $r_{i,j}$（$i=0, \cdots, m$；$j=0, \cdots, n$）。

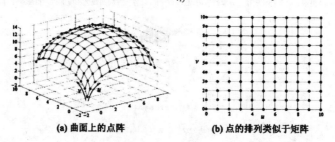

(a) 曲面上的点阵　　(b) 点的排列类似于矩阵

图 3-30　拓扑矩阵型点列

假设拓扑矩阵型点列的边界点处的切矢量已知，为了计算切矢量，首先看 u 参数方向，也就是行方向，考虑在每一行上构造 Ferguson 曲线，于是可以计算每一行上 u 参数方向的导数为

$$r_{u,i,j-1} + 4r_{u,i,j} + r_{u,i,j+1} = 3(r_{i,j+1} - r_{i,j-1}), j = 1, \cdots, n-1$$

加上端点条件就可以得到第 i 行上的 $r_{u,i,j}$（$j = 0, \cdots, n$）。注意到这样的方程组共有 $m+1$ 组，即 $i=0$，$\cdots$，m。全部求解完毕后就得到所有的 $r_{u,i,j}$（$i=0\cdots, m$；$j=0, \cdots, n$），如图 3-31（a）所示。然后考虑 v 参数方向，也就是列方向，考虑在每一列上构造 Ferguson 曲线，于是可以计算每一列上参数方向的导数为

$$r_{v,i-1,j} + 4r_{v,i,j} + r_{v,i+1,j} = 3(r_{i+1,j} - r_{i-1,j}), i = 1, \cdots, m-1 \qquad (3-5-8)$$

加上端点条件就可以得到第 j 列上的 $r_{v,i,j}$。注意到这样的方程组共有 $n+1$ 组，即 $j=0$，$\cdots$，n。全部求解完毕后就得到所有的 $r_{v,i,j}$（$i=0$，$\cdots$，

mn；$j=0$，…，n）。这样就可以对相邻的四个点采用方程（3-5-6）构造曲面片了。进一步的，为了采用方程（3-5-7）构造没有"平点"的曲面，需要四个角点的混合偏导数都不等于 0，因此需要对每个型值点计算混合偏导数。

假设拓扑矩阵型点列的四个角点位置的混合偏导数已知，鉴于各个型值点处的 $r_{u,i,j}$ 和 $r_{v,i,j}$（$i=0$，…，m；$j=0$，…，n）已经计算出来，考察图 3-31（d）中的矢量 $r_{v,i,j}$（$i=0$，…，m；$j=0$，…，n），把第 i 行上的 $r_{v,i,j}$（$j=0$，…，n）当作型值点构造三切矢方程为

$$r_{vu,i,j-1} + 4r_{vu,i,j} + r_{vu,i,j+1} = 3\left(r_{v,i,j+1} - r_{v,i,j-1}\right), j=1,\cdots,n-1 \quad （3\text{-}5\text{-}9）$$

为了求解这个方程组，还需要加上边界条件。假设所使用的是切向边界条件，也就是说，要知道 $r_{vu,i,0}$，$r_{vu,i,n}$ 后求解上述方程组，如图 3-31（d）所示。下面讨论如何得到 $r_{vu,i,0}\left(i=0,\cdots,m\right)$。$r_{vu,i,n}\left(i=0,\cdots,m\right)$ 的确定方法与之类似。如图 3-31（c）所示，把第一列上的 $r_{u,i,0}\left(i=0,\cdots,m\right)$ 向量作为型值点构造三切矢方程为

$$r_{uv,i-1,0} + 4r_{uv,i,0} + r_{uv,i+1,0} = 3\left(r_{u,i+1,0} - r_{u,i-1,0}\right), i=1,\cdots,m-1 \quad （3\text{-}5\text{-}10）$$

指定 $r_{vu,0,0}$ 和 $r_{vu,m,0}$，即给出上述三切矢方程的切向边界条件后即可求解上述方程。类似的，可以得到 $r_{vu,i,n}\left(i=0,\cdots,m\right)$。由于我们认为所构造的曲面二阶可微，即在曲面上的任意一曲面的构造过程点处有：$r_{uv} = r_{vu}$，就得到了求解方程所需要的边界条件 $r_{vu,i,0}$ 和 $r_{vu,i,n}$（$i=0,\ldots,m$）。通过使用曲面片方程（3-5-7），解决了"平点"问题。采用这种方法构造的曲面称为双三次样条曲面。

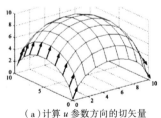 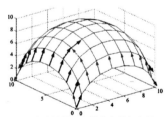

（a）计算 u 参数方向的切矢量　　　　　（b）计算 v 参数方向的切矢量

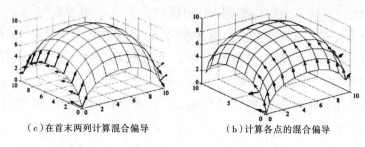

（c）在首末两列计算混合偏导　　　　　（b）计算各点的混合偏导

图 3-31　插值三次样条

3.5.3 NURBS 曲面

NURBS 曲面方程可以写为

$$r(u,v) = \frac{\sum\limits_{i=0}^{m}\sum\limits_{j=0}^{n}\omega_{i,j}N_{i,l}(v)N_{j,k}(u)V_{i,j}}{\sum\limits_{i=0}^{m}\sum\limits_{j=0}^{n}\omega_{i,j}N_{i,l}(v)N_{j,k}(u)}$$

式中，控制顶点 $V_{i,j}\ (i=0,\cdots,m;j=0,\cdots,n)$ 形成控制网格；$N_{j,k}(u)$ 和 $N_{i,l}(v)$ 分别是 k 次和 l 次的 B 样条基函数，它们分别由节点矢量

$$U = [\underbrace{u_0,u_1,\cdots u_{k},}_{\text{前}k+1\text{个节点可取为重节点}}\cdots,u_n,\underbrace{u_{n+1},u_{n+2},\cdots u_{n+k+1}}_{\text{后}k+1\text{个节点可取为重节点}}]$$

$$V = [\underbrace{v_0,v_1,\cdots v_l}_{\text{前}l+1\text{个节点可取为重节点}},\cdots,v_m,\underbrace{v_{m+1},v_{m+2},\cdots v_{m+l+1}}_{\text{后}l+1\text{个节点可取为重节点}}]$$

定义；$\omega_{i,j}$ 是与控制顶点 $V_{i,j}$ 相联系的权因子，规定四个角顶点上的权因子 $\omega_{0,0}>0$，$\omega_{m,0}>0$，$\omega_{0,n}>0$，$\omega_{m,n}>0$，其余 $\omega_{i,j}\geqslant 0$。

下面以球面为例介绍旋转面的形成过程。球的构造方法：半圆绕中心轴旋转一周，如图 3-32（a）所示。因此，球的 NURBS 曲面表示为：半圆 + 整圆，如图 3-32（a）、（b）所示。于是球面控制顶点的空间分布为

$$\begin{bmatrix} V_{0,0} & V_{0,1} & V_{0,2} & V_{0,3} & V_{0,4} & V_{0,5} & V_{0,6} & V_{0,7} & V_{0,8} \\ V_{1,0} & V_{1,1} & V_{1,2} & V_{1,3} & V_{1,4} & V_{1,5} & V_{1,6} & V_{1,7} & V_{1,8} \\ V_{2,0} & V_{2,1} & V_{2,2} & V_{2,3} & V_{2,4} & V_{2,5} & V_{2,6} & V_{2,7} & V_{2,8} \\ V_{3,0} & V_{3,1} & V_{3,2} & V_{3,3} & V_{3,4} & V_{3,5} & V_{3,6} & V_{3,7} & V_{3,8} \\ V_{4,0} & V_{4,1} & V_{4,2} & V_{4,3} & V_{4,4} & V_{4,5} & V_{4,6} & V_{4,7} & V_{4,8} \end{bmatrix}$$

其 U 参数方向上的控制顶点为

$$V_{i,0}V_{i,1}V_{i,2}V_{i,3}V_{i,4}V_{i,5}V_{i,6}V_{i,7}V_{i,8}$$

权因子为

$$\omega_i \cdot \left[1,\sqrt{2}/2,1,\sqrt{2}/2,1,\sqrt{2}/2,1,\sqrt{2}/2,1\right]$$

节点矢量为

$$U = \left[0,0,0,1/4,1/4,1/2,1/2,3/4,3/4,1,1,1\right]$$

V 参数方向上的节点矢量为

$$V = \left[0,0,0,1/2,1/2,1,1,1\right]$$

给出以上条件后球面方程可以写为

$$r(u,v) = \frac{\displaystyle\sum_{i=0}^{4}\sum_{j=0}^{8}\omega_{i,j}N_{i,2}(u)N_{j,2}(v)V_{i,j}}{\displaystyle\sum_{i=0}^{4}\sum_{j=0}^{8}\omega_{i,j}N_{i,2}(u)N_{j,2}(v)}$$

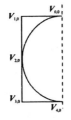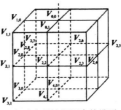

（a）半圆及旋转轴　（b）母线上的一个顶点旋转得到的顶点　（c）空间控制顶点的排列

图 3-32　球面的控制顶点

仿照球面的构造过程，下面讲述一下旋转面的构造。首先在旋转面上构造一条 NURBS 曲线，将其作为旋转母线，让它所在的参数方向是 V 参数方向。其控制顶点为

$$V_0,V_1,\cdots,V_m$$

将 V_i 进行如图 3-32（b）的旋转就得到了第 i 行上的控制顶点：

$$V_{i,0}V_{i,1}V_{i,2}V_{i,3}V_{i,4}V_{i,5}V_{i,6}V_{i,7}V_{i,8}$$

假设 V_i 对应的权因子是 ω_i，那么旋转面第 i 行上的权因子为

$$\omega_i \cdot \left[1, \sqrt{2}/2, 1, \sqrt{2}/2, 1, \sqrt{2}/2, 1, \sqrt{2}/2, 1\right]$$

将旋转母线的节点矢量作为该旋转面的 v 向节点矢量,该旋转面的 U 向节点矢量为

$$U = \left[0, 0, 0, 1/4, 1/4, 1/2, 1/2, 3/4, 3/4, 1, 1, 1\right]$$

图 3-33 给出了 CATIA 软件生成旋转面的例子。

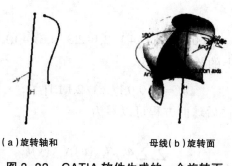

（a）旋转轴和　　　　　母线（b）旋转面

图 3-33　CATIA 软件生成的一个旋转面

3.5.4 Coons 曲面

20 世纪 60 年代,麻省理工学院教授 Coons 提出并实现了采用分片技术构造复杂曲面的方法。如图 3-34（a）所示,假设对曲面片的设计从四条边界入手。Coons 设计了一种根据这四条边界定义曲面片的方法,人们把这样的曲面片称为 Coons 曲面片。假设根据这四条边界定义的 Coons 曲面片的形状不满足设计要求,而且通过调整这四条边界曲线的形状也不能使曲面满足设计要求,那么添加曲线,将原来的曲面片分为若干小曲面片,然后再考虑添加曲线后形成的曲线网格是否满足设计要求,如果不满足,再进一步添加曲线,得到更小的曲面片分块,直至曲线网对曲面片的控制满足设计要求,如图 3-34 所示。Coons 曲面构造方法在理论上非常严密,描述能力很强,对自由曲面造型技术的发展产生了深远的影响。

既然已经弄清楚 Coons 方法构造复杂曲面的过程,那么现在的重点就是学习 Coons 曲面片的构造方法。Coons 曲面片的构造方法的实

质就是采用首尾相连的四条曲线来构造曲面片,如图 3-34 所示。

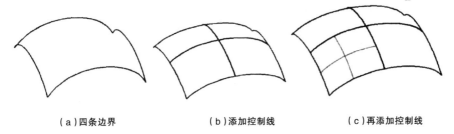

（a）四条边界   （b）添加控制线   （c）再添加控制线

图 3-34　Coons 方法构造复杂曲面分片的思想

3.5.4.1 简单 Coons 曲面片

为了便于学习 Coons 曲面片的构造原理,先简要归纳一下曲面的表示方法与记号。曲面的矢量参数方程为

$$r = r(u,v) = \left[x(u,v), y(u,v) + z(u,v) \right]$$

令 $v = v_0$,则 $r(u,v_0)$ 是一条以 u 为参数的曲线,称为 u 线,如图 3-35 所示。 同理, 得到一条 v 线。 这样, 曲面片的四条边界为 $r(u,0), r(u,1), r(0,v), r(1,v)$。 曲面片的 4 个角点为 $r(u,0), r(u,1), r(1,0)$, $r(1,1)$。

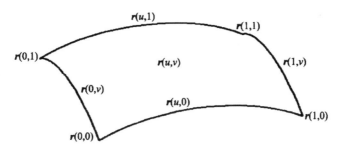

图 3-35　曲面表示法与记号

为了使问题的论述变得简单,先根据两个边界 $r(0,v)$ 和 $r(1,v)$ 构造直纹面,如图 3-36（a）所示:

$$r_1(u,v) = F_0(u) r(0,v) + F_1(u) r(1,v)$$

然后根据两个边界 $r(u,0)$ 和 $r(u,1)$ 构造直纹面,如图 3-36(b)所示:

$$r_2(u,v) = F_0(v) r(u,0) + F_1(u) r(u,1)$$

那么给定如图 3-35 所示的四条边界后如何构造曲面呢? 一个直观的思路就是让两个曲面片 $r_1(u,v)$ 和 $r_2(u,v)$ 叠加:

$$R(u,v)=r_1(u,v)+r_2(u,v) \qquad (3\text{-}5\text{-}11)$$

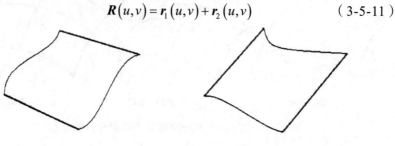

（a）根据两条 u 向参数线构造曲面　　　　　　　（b）根据两条 v 向参数线构造曲面

图 3-36　分别根据两个方向上的参数线构造直纹面

用直观的图形表示见图 3-37。

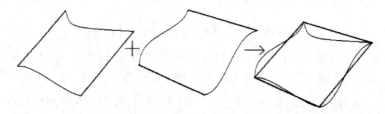

图 3-37　用两个直纹面的简单叠加构造的曲面片多了四条直线边

现在从表达式的角度来讨论图 3-37 中的直线边是如何多出来的。事实上, $r_1+r_2=F_0(u)r(0,v)+F_1(u)r(1,v)+F_0(u)r(u,0)+F_1(u)r(u,0)$ 。当 $v=0$ 时, 有:

$$F_0(v)=1,F_1(v)=0$$

当 $v=1$ 时, 有:

$$F_0(v)=0,F_1(v)=0$$

于是, 方程（3-5-11）所表示的曲面的边界曲线为

$$R(u,0)=F_0(u)r(0,0)+F_1(u)r(1,0)+r(u,0)$$
$$R(u,1)=F_0(u)r(0,1)+F_1(u)r(1,1)+r(u,0)$$

显然, 与给定的边界曲线 $r(u,0)$ 相比, $R(u,0)$ 多出了 $F_0(u)$ $r(0,0)+F_1(u)r(1,0)$; 与给定的边界曲线 $r(u,1)$ 相比, $R(u,1)$ 多出了 $F_0(u)$ $r(0,1)+F_1(u)r(1,1)$。 $F_0(u)r(0,0)+F_1(u)r(1,0)$ 和 $F_0(u)r(0,1)+F_1(u)\mathrm{r}(1,1)$ 就是图 3-37 中的两条 u 方向的直线边。这说明, 经过简单叠加后的曲面

片 $R(u,v)$ 并不插值于四个给定的边界。现在考虑对 $R(u,v)$ 进行修改,即采用一定的方法删除边界上的冗余部分后再进行讨论。既然 $R(u,0)$ 和 $R(u,1)$ 多出了直线部分 $F_0(u)r(0,0)+F_1(u)r(1,0)$ 和 $F_0(u)r(0,1)+F_1(u)$ $r(1,1)$,那么构造得出:

$$r_3 = F_0(v)\left[F_0(u)r(0,0)+F_1(u)r(1,0)\right]+$$
$$F_1(v)\left[F_0(u)r(0,1)+F_1(u)r(1,1)\right]$$

使得

$$R = r_1 + r_2 - r_3$$

其几何含义如图 3-38 所示。

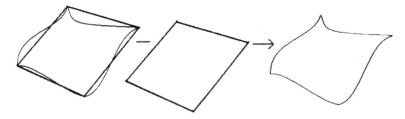

图 3-38　直纹面叠加的曲面片减去由角点信息构造的曲面片得到符合要求的曲面片

经过简单的计算可以知道,$R = r_1 + r_2 - r_3$ 的四条边界就是给定的四条边界。其中的 $R(u,v)$ 就是要求的 $r(u,v)$,即,

$$r = r_1 + r_2 - r_3$$

将上式写成矩阵形式为

$$r = r_1 + r_2 - r_3 = \begin{bmatrix} r(0,v) & r(1,v) \end{bmatrix} \begin{bmatrix} F_0(u) \\ F_1(u) \end{bmatrix} +$$

$$\begin{bmatrix} F_0(v) & F_1(v) \end{bmatrix} \begin{bmatrix} r(u,0) \\ r(u,1) \end{bmatrix} - \begin{bmatrix} F_0(v) & F_1(v) \end{bmatrix} \begin{bmatrix} r(0,0) & r(1,0) \\ r(0,1) & r(1,1) \end{bmatrix} \begin{bmatrix} F_0(u) \\ F_1(u) \end{bmatrix}$$

$$= -\begin{bmatrix} -1 & F_0(v) & F_1(v) \end{bmatrix} \begin{bmatrix} & r(0,v) & r(1,v) \\ r(u,0) & r(0,0) & r(1,0) \\ r(u,1) & r(0,1) & r(1,1) \end{bmatrix} \begin{bmatrix} -1 \\ F_0(u) \\ F_1(u) \end{bmatrix}$$

这样定义的曲面片通常称为简单 Coons 曲面片。显然,这种曲面片经过三个几何形体的布尔运算(求和运算和求差运算)得到。这种使用布尔运算构造几何形体的方法称为布尔和方法。容易验证,简单 Coons

曲面片四个角点处的扭矢为 0：

$$r_{uv}(0,0) = r_{uv}(0,1) = r_{uv}(1,0) = r_{uv}(1,1) = 0$$

因此，简单 Coons 曲面片四个角点为平点。

3.5.4.2 双三次 Coons 曲面片

为了克服简单 Coons 曲面片的缺陷，下面进一步介绍插值于边界曲线 $r(u,0)$、$r(u,1)$ $r(0,v)$ $r(1,v)$ 和相应跨界切矢 $r_v(u,0)$、$r_v(u,1)$ $r_u(0,v)$ $r_u(1,v)$（图 3-39）的 Coons 曲面片。

选用 Hermit 基函数作为混合函数，同时依然采用布尔和方法构造曲面。

第一步，利用 Ferguson 曲线段的构造方法，构造 u 向插值曲面为

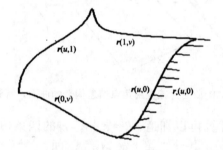

图 3-39　四条边界曲线及一个边界上的跨界切矢

$$r_1(u,v) = \begin{bmatrix} r(0,v) & r(0,v) & r_u(0,v) & r_u(1,v) \end{bmatrix} \begin{bmatrix} F_0(u) \\ F_1(u) \\ G_0(u) \\ G_1(u) \end{bmatrix}$$

第二步，利用 Ferguson 曲线段的构造方法，构造 v 向插值曲面为

$$r_2(u,v) = \begin{bmatrix} F_0(v) & F_1(v) & G_0(v) & G_1(v) \end{bmatrix} \begin{bmatrix} r(u,0) \\ r(u,1) \\ r_u(u,0) \\ r_u(u,1) \end{bmatrix}$$

第三步，利用角点信息和相应的导数信息，构造双三次样条曲面片为

$$r_3(u,v) = \begin{bmatrix} F_0(v) & F_1(v) & G_0(v) & G_1(v) \end{bmatrix} \begin{bmatrix} r(0,0) & r(0,1) & r(0,0) & r(1,0) \\ r(0,1) & r(1,1) & r(0,1) & r(1,1) \\ r(0,0) & r(1,0) & r(0,0) & r(1,0) \\ r(0,1) & r(1,1) & r(0,1) & r(1,1) \end{bmatrix} \begin{bmatrix} F_0(u) \\ F_1(u) \\ G_0(u) \\ G_1(u) \end{bmatrix}$$

$$（3\text{-}5\text{-}12）$$

由于 Coons 最先使用了双三次样条曲面片,因此在有些文献中,又把双三次样条曲面片称为双三次 Coons 曲面。这样,插值给定曲面的四条边界曲线 $R(u,0)$、$R(u,1)$ $R(0,v)$ $R(1,v)$,以及四条边界处的跨界一阶导矢曲线 $r_v(u,0)$、$r_v(u,1)$ $r_u(0,v)$ $r_u(1,v)$ 的 Coons 曲面片为

$$r(u,v) = r_1(u,v) + r_2(u,v) - r_3(u,v)$$
$$= -\begin{bmatrix} -1 & F_0(v) & F_1(v) & G_0(v) & G_1(v) \end{bmatrix}$$

$$\begin{bmatrix} 0 & r(v,0) & r(v,1) & r(v,0) & r(v,1) \\ r(u,0) & r(0,0) & r(1,0) & r(0,0) & r(1,0) \\ r(u,1) & r(0,1) & r(1,1) & r(0,1) & r(1,1) \\ r(u,0) & r(0,0) & r(1,0) & r(0,0) & r(1,0) \\ r(u,1) & r(0,1) & r(1,1) & r(0,1) & r(1,1) \end{bmatrix} \begin{bmatrix} -1 \\ F_0(u) \\ F_1(u) \\ G_0(u) \\ G_1(u) \end{bmatrix}$$

$$（3\text{-}5\text{-}13）$$

观察式(3-5-12)和式(3-5-13)可以发现,对曲面片满足边界条件的要求提高一阶,曲面方程中的边界信息矩阵就要扩大两阶,并且要多用一对混合函数。此外,可以把边界信息矩阵分解为一系列的子矩阵,不同子矩阵中包含不同类别的信息,如图 3-40 所示。认识了这些规律后,就能方便地构造出满足更高阶边界条件的 Coons 曲面方程,这正是 Coons 曲面在理论上的一个完美之处。

0	$r(v,0)$	$r(v,1)$	$r_u(v,0)$	$r_u(v,1)$
$r(u,0)$	$r(0,0)$	$r(1,0)$	$r_u(0,0)$	$r_u(1,0)$
$r(u,1)$	$r(0,1)$	$r(1,1)$	$r_u(0,1)$	$r_u(1,1)$
$r_v(u,0)$	$r_v(0,0)$	$r_v(1,0)$	$r_{uv}(0,0)$	$r_{uv}(1,0)$
$r_v(u,1)$	$r_v(0,1)$	$r_v(1,1)$	$r_{uv}(0,1)$	$r_{uv}(1,1)$

图 3-40 构造 Coons 曲面片的矩阵的分块

第4章

三维实体建模技术

　　在机械产品中,除了少数构件属于能够采用曲面造型技术进行完整表达的薄壁件外,绝大多数属于三维实体构件。在机械产品生产过程中,从产品的构思、设计、制造、装配到形成产品,利用 CAD 技术中的三维实体建模技术,不仅可以更直观、清晰地表达设计意图对产品功能、性能的承载,而且可以为后续的产品结构设计优化和自动制造提供相关数据模型。因此,三维实体建模技术为机械产品设计、制造、装配、工程分析以及生产过程管理等提供了产品信息的描述与表达方法,是实现计算机辅助设计与制造的前提条件,也是计算机辅助设计技术的核心内容和主要工作。

4.1　三维实体建模概述

　　从计算机科学的角度来看,设计的过程是一个关于产品信息的产生、处理、交换和管理的过程。设计人员在计算机软、硬件环境下,以计算机作为主要技术手段,采用先进的现代设计方法,对产品从构思、设计到市场营销和服务的整个生命周期中的信息进行分析、处理,生成和运用产品的各种数字化信息和图形信息,进行产品的设计、制造和服务。

　　对于现实世界中的机械产品,从设计人员的想象出发,到完成它的计算机内部数字化信息表示的这一过程称为机械产品的 CAD 建模。机械产品的建模技术是 CAD/CAE 系统的核心技术。机械产品的建模技术包括模型的计算机数字化信息的描述、存储、处理和技术。机械产品的建模包括零件的几何建模和产品的装配建模。

4.1.1 几何模型的概念

为了利用计算机辅助机械产品及其零部件的设计、工程分析、工艺设计和制造加工等,首先需要对其进行数字化定义,即建立模型。模型(Model)是所描述对象(Object)的数据组合及数据间的关系,由数据和程序过程混合组成,并按一定的数据结构存储在数据库中。几何模型是所描述对象的形状、大小、位置等几何和拓扑信息的组合。建立对象几何模型的过程,称为几何造型,也称几何建模。具体地说,几何造型就是通过点、线、面和立体等几何元素的定义、几何变换、集合运算等方法构建客观存在或想象中的形体的几何模型,是确定形体形状和其他几何特征方法的总称,它包括表示、设计和图形显示三个方面。

(1)表示(Representation):对实际存在的形体进行数学描述。

(2)设计(Design):创建一个新的形体,调整变量满足既定目标。

(3)图形显示(Rendering):直观形象地表示出所建模型的图形。

我们把定义、描述、生成几何模型,并能进行交互编辑的系统称为几何造型系统。目前,世界上比较流行的几何造型系统有美国 Spatial Technology Inc. 的 ACIS、英国 Electronic Data Systems 公司的 PARASOLID、法国 Metra Datavision 公司的 CAS.CADE 等。以上述几何造型系统为基础开发的 CAD 软件有 UG、Pro/ENGINEER、CATIA、SolidWorks、SolidEdge 和 AutoCAD 等。

对客观世界或想象的事物进行完整、精确、快速的几何造型是几何造型技术一直不懈追求的目标。从 20 世纪 70 年代初第一个几何造型系统问世以来,几何造型技术获得了长足的进步,但仍有不少问题有待解决。比如,如何快速、准确地录入几何模型的几何信息、拓扑信息和其他特征属性,如何使几何造型过程更加符合使用者的设计过程,如何更好地支持不同软件环境下几何造型的数据共享与协同设计,如何支持创新设计等。

4.1.2 三维实体建模的信息描述

CAD 模型是机械产品设计信息的载体,在现代 CAD/CAE/CAM 集成系统中,CAD 模型的信息贯穿于产品的整个生命周期。因此,CAD 建模的信息不单是产品的几何结构信息,还要包括物理信息、功能信息、加工工艺信息、管理信息等。目前许多商品化的 CAD/CAE/CAM 系统大多采用几何建模方法,即设计对象的描述是建立在几何与拓扑信息的处理之上的,CAD 模型只描述了产品的表面、实体的几何结构信息。随着特征建模技术的发展,CAD 模型除了描述产品的几何、拓扑信息外,还记录和表达了产品的其他设计、制造和管理信息。

机械 CAD 建模的信息一般可以分为以下三个部分。

4.1.2.1 几何模型信息

几何模型描述的是具有几何特征的形体。在几何造型中,形体是由基本几何元素构成的。基本几何元素主要包括点、边、环、面、体等。

(1)点。点是零维几何元素,是形体中最基本的元素,分端点、交点、切点等。自由曲线、曲面及其他几何形体均可用有序点集表示。在自由曲线面的描述中,常用的点有控制点、型值点和插值点三种类型。

一维空间中的点用一元组 $\{t\}$ 表示,二维空间中的点用二元组 $\{x,y\}$ 或 $\{x(t),y(t)\}$ 表示,三维空间中的点用三元组 $\{x,y,z\}$ 或 $\{x(t),y(t),z(t)\}$ 表示。

(2)边。边是一维元素,是相邻两个面(正则形体)或多个邻面(非正则形体)的交界。直线边由其端点定界;曲线边由一系列型值点或控制点表示,也可以用显式、隐式方程表示。

(3)环。环是由有序、有向边(直线段或曲线段)组成的面的封闭边界。环有内、外之分,外环确定面的最大外边界,其边按逆时针方向排序;内环确定面中孔或凸台的边界,其边按顺时针方向排序,如图 4-1 所示。因此,在面上沿一个环前进时,面的内部始终在走向的左侧,右侧总是面外。

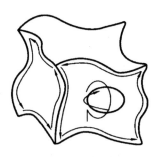

图 4-1   外环与内环

环是有序、有向的封闭边界，外环仅一个，逆时针方向；内环可有可无，也可多个，顺时针方向。

（4）面。面是一个单连通区域，可以是平面或曲面，由一个外环和若干个内环组成；面的方向由面的法矢量决定，法矢量向外为正向面；反之，为反向面。区分正向面和反向面在面面求交、交线分类，以及真实图形显示等方面都很重要。

几何造型中常见的面包括平面、二次面、双三次参数曲面等。

（5）体。体是三维几何元素。实体是由若干个面组成的闭包，实体的边界是有限个面的集合。

为了保证几何造型的可靠性和可加工性，要求形体表面上任一点的足够小的邻域在拓扑上应是一个等价的封闭圆，即围绕该点的形体邻域在二维空间中可构成一个单连通域，通常把满足该定义的形体称为正则形体，否则为非正则形体，如存在悬面、悬边的长方体为非正则形体，如图 4-2 所示。

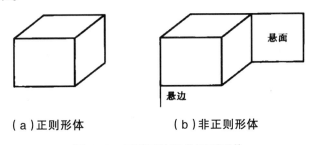

（a）正则形体   （b）非正则形体

图 4-2   正则形体和非正则形体

4.1.2.2 结构拓扑信息

图形的拓扑信息反映三维形体中各几何元素的数量及其相互间的

连接关系。任一形体都是由点、边、环、面、体等各种不同的几何图素构成，这些几何图素间的连接关系是指一个形体由哪些面组成，每个面上有几个环，每个环由哪些边组成，每条边又由哪些顶点定义等。各种几何元素相互间的关系构成了形体的拓扑信息。

在几何建模中最基本的几何元素是点（V）、边（E）、面（F），这三种几何元素之间的连接关系可用以下 9 种拓扑关系表示（图 4-3）。

（1）面与面的连接关系即面与面的相邻性。

（2）面与顶点的组成关系即面与顶点的包含性。

（3）面与边棱线的组成关系即面与边棱线的包含性。

（4）顶点与面的隶属关系即顶点与面的相邻性。

（5）顶点与顶点间的连接关系即顶点与顶点的相邻性。

（6）顶点与边棱线的隶属关系即顶点与边棱线的相邻性。

（7）边棱线与面的隶属关系即边棱线与面的相邻性。

（8）边棱线与顶点的组成关系即边棱线与顶点的包含性。

（9）边棱线与边棱线的连接关系即边棱线与边棱线的相邻性。

这 9 种拓扑关系之间并不独立，实际上是等价的，即可以由一种关系推导出其他几种关系，可视具体要求不同，选择不同的拓扑描述方法。

 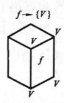

（a）以面为中心的拓扑关系

（b）以点为中心的拓扑关系

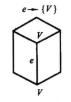

（c）以边为中心的拓扑关系

图 4-3 多面体的九种拓扑关系

4.1.2.3 非几何信息

非几何信息是指产品除描述实体几何、拓扑信息以外的其他工程设计属性和管理等信息。这些信息包括零件材料的物理属性、质量精度属性、加工工艺属性、管理属性等信息，如零件的质量、材料及其热处理、工作性能参数，尺寸形位公差等精度要求，表面粗糙度等表面质量要求，加工及装配技术要求等信息。为了满足 CAD/CAE/CAM 集成的要求，使 CAD 模型在产品的整个生命周期中发挥其应有的作用，这些工程设计和管理信息的计算机描述和表达显得越来越重要，是产品特征建模技术的基础。

4.1.3 三维实体建模技术

在三维实体建模技术的发展过程中，计算机中表达的几何模型的信息也有一个逐步完善和丰富的过程。几何模型按其描述和存储几何信息的特征，先后经历了线框几何模型、表面几何模型和实体几何模型三个阶段。

4.1.3.1 线框模型

（1）三维线框建模原理。

三维线框建模是 CAD/CAM 系统发展中应用最早的几何建模方法，目前的 CAD/CAM 系统中都具备三维线框建模功能。三维线框建模是利用直线、圆弧和空间曲线等基本图素表示物体的表面和棱边，通过这些基本图素构成的立体框架图，使其产生三维立体感。

三维线框模型具有数据结构简单、计算快捷、对计算机软硬件要求低等特点。图 4-4 说明了线框模型在计算机内存储的数据结构原理。图中共有两个表，一为顶点表，记录了物体各顶点在用户坐标系的三维坐标，二为棱线表，记录了模型的棱线与顶点的拓扑关系，表中描述了每条棱线的起点、终点和线形属性，其中棱线的属性用于记录棱线的线形是直线、圆弧还是样条等。

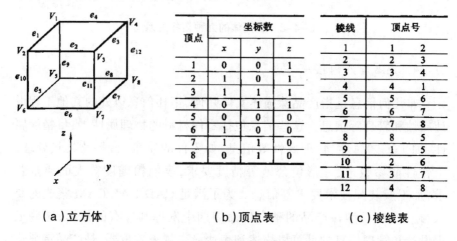

| （a）立方体 | （b）顶点表 | （c）棱线表 |

图 4-4 线框模型

由于在数据结构中，边与边之间没有关联关系，不构成面的信息，因此线框建模没有"面"的概念，也就不存在内、外表面的区别，无法识别可见边，不能自动进行可见性检验和消隐。由此可见，线框建模对产品描述不全面，不适合对产品进行完整信息描述的场合。

（2）线框建模 CAD 的基本功能。

在线框建模 CAD 系统中，需提供下列基本功能。

1）三维顶点的定义。

线框设计中点是最基本的元素，工作坐标系的建立，标准件的定位和定向，各种线条的定义和编辑，屏幕元素的拾取等都是首先依靠空间点的操作。因此方便、灵活的三维点的输入和拾取功能对于实用的线框设计系统是十分重要的。点的典型输入方式有以下几种。

①屏幕指点，用光标指点屏幕上某一位置。一般需要在两个视区中操作，例如从 XoY 视区输入（x, y）位置，再从 ZoX 或 YoZ 视区输入 z 坐标值。

②键盘输入点的(x,y,z)坐标值。

③拾取屏幕上已有点,可以是原先定义的离散点,也可以是某一线段的端点、中点、等分点或参数曲线上的参数点。

④拾取圆或圆弧及其他圆锥曲线的中心点。

⑤拾取两元素的交点。

⑥捕捉(snap)离光标最近元素的对应点。

⑦取一已知点在某一直线段或平面上的投影点。

⑧拾取两元素的切点。

⑨拾取线与面的交点。

以上几种输入方式应该能随时切换,任意穿插在其他操作过程中,不需要中断原有操作命令的执行。在程序实现上,这就是将命令依次压入栈中,然后顺序弹出执行。例如,用三点作圆弧,第一点用键盘输入(x,y,z)坐标值;第二点取某一已知直线段的 1/3 等分点;第三点取另一圆弧的端点。命令嵌套执行,不必退出三点作圆菜单项。

2)直线段的定义。

机械产品的线框设计可以利用工作平面进行二维打样,但是也需要对空间点进行三维连线。例如,液压系统管路或化工设备中的管线连接的处理,在布局设计中需要进行点与点的连接。因此同样需要三维直线段的定义功能。

直线的典型输入方式如下。

①两点连线。

②折线。用一系列三维点连成折线。

③水平线。过一点作平行于 X 轴的直线。

④铅垂线。过一点作平行于 Y 轴的直线。

⑤平行线。过一点或给定一距离或与已知圆相切,作已知直线的平行线。

⑥垂直线。过一点或与已知圆相切,作已知直线的垂直线。

⑦点切线。过一点作圆的切线。

⑧公切线。作两圆的公切线。

⑨点斜线。给定方向余弦过已知点作直线。

⑩角等分线。

⑪直线段等分线。

⑫倒角。

⑬矩形框。

⑭正多边形。

当系统具有参数曲线功能时，还应增加与曲线相切、正交等的直线定义。

3）圆和圆弧段定义。

圆的常用定义方法如下。

①给定圆心和半径作圆。

②给定直径的两端点作圆或半圆。

③过空间三点作圆。

④给定起点、终点和半径作圆弧。

⑤给定圆心和起点、终点圆弧，半径由圆心与起始点距离决定。圆弧不一定通过终点，而是到达终点与圆心的连线。

⑥给定圆心、半径和参考性首末点作圆弧。圆弧段限制在圆心和首末点连线的扇形区范围内。

⑦给定平面法矢、圆心、半径和起始角、终止角作圆弧。

⑧给出偏置距离作同心圆。

⑨圆弧段延伸，构成整圆。

⑩给定圆心作已知元素的相切圆。

⑪作圆弧与三直线相切。

⑫过两点与同一平面上的元素相切作圆。

⑬与两已知元素相切作圆。

⑭两已知元素间作过渡圆弧（fillet）。

4）样条、曲线的定义。

曲线定义是线框建模的一个重要组成部分。这里提到的曲线指任意的空间曲线，包括折线、圆弧、二次曲线、函数曲线、自由曲线等。目前在 CAD 系统中大多通过 NURBS 样条对曲线进行数学描述。CAD 系统曲线的定义方法主要有以下几种。

①逼近曲线。给出若干个控制点，曲线的走向逼近特征控制多边形，如图 4-5 所示。

②插值曲线。给出若干个控制点，曲线通过所有控制点，如图 4-6 所示。

③螺旋线需要给出螺旋线的轴线方向、中心、螺旋线半径、螺距、圈数、旋向等。

④函数曲线。给出曲线的函数方程,方程的形式可以是直角坐标方程、极坐标方程、圆柱坐标方程,也可以是参数方程。如图 4-7 所示为 CAD 系统由心形线参数方程直接绘制的函数曲线。

⑤等距线。需指定曲线偏置的方向和距离。

⑥投影线。将一条曲线投影到一个曲面上形成的曲线,需指定被投影曲线、投影曲面、投影方向。

⑦相交线(相惯线)。两个曲面的交线。

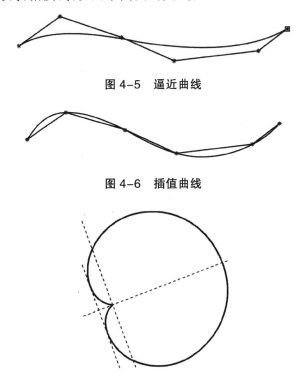

图 4-5　逼近曲线

图 4-6　插值曲线

图 4-7　由心形线参数方程绘制的曲线

5)线框的编辑与查询。

这部分的功能包括几何元素的平移、旋转、复制、偏置(offset)、镜像(mirror)、删除、打断(break)、裁剪(trim)、延伸、圆角过渡、倒角(fillet)、改变线型和色彩、拾取屏蔽(pick on/off)、查询屏面显示元素的几何属性、检查元素间的拓扑关系,如两线段是否相交、共面,环是否封闭等。

6）线框模型的分层管理。

线框模型不能自动消隐。所以当设计对象的形状复杂时，屏幕上的大量线条交叉重叠，难以区分各部分形体的相互关系，交互操作变得无法继续进行。这时需要引用二维绘图中分层的方法，及早将各个工作平面上的设计内容记录到不同的层中，以后可以分层显示。

4.1.3.2 表面模型

表面模型仅用空间形体的表面来对空间形体进行描述，该模型的数据结构原理如图 4-8 所示，与线框模型相比，增加了有关面、边信息以及表面特征、棱边连接方向等内容。20 世纪 60 年代初期，人们就试图用数学方法来表示诸如飞机、船舶、汽车等具有复杂雕塑曲面外形的形体，产生了 Coons、Ferguson、Bezier 等方法，其理论基于矢量积的参数多项式与分析参数多项式描述曲面。80 年代后期，非均匀有理 B 样条（NURBS）方法用于曲线曲面的描述。它把非有理 Bezier 和非有理 B 样条曲线曲面都统一在 NURBS 标准形式之中，现已将 NURBS 作为定义工业产品几何形状的唯一数学方法。

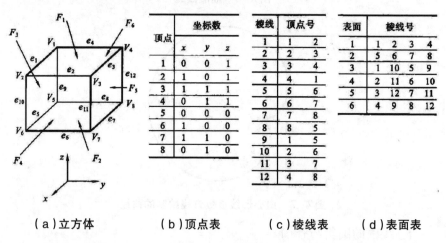

（a）立方体　　　（b）顶点表　　　（c）棱线表　　　（d）表面表

图 4-8　表面模型

表面模型的优点是能实现以下功能：消隐、着色、表面积计算、二曲面求交、数控刀具轨迹生成、有限元网格划分等。此外它还擅长构造复杂的曲面物体，如模具、汽车、飞机等表面。它的缺点是有时产生对物体二义性理解,操作比较复杂,要求操作者具备曲面建模的数学知识,因此要对操作者进行一定的培训。

在三维实体造型系统中,一般都要引入表面模型来协助完成具有复杂而且光滑的实体表面的造型,因此,表面模型仍然占据着重要的位置。

4.1.3.3 实体模型

实体模型是在表面模型的基础上定义了表面的哪侧存在形体。常用办法如图 4-9 所示,用有向棱边的右手法则确定所在面外法线的方向,例如规定正向指向体外。如此,只需将图 4-9(b)的表面表改成图 4-9(c)的形式,就可确切地分清体内、体外,形成实体模型了。目前实体模型已在建筑设计、广告设计以及大部分机械类零件设计等领域获得了很大成功。

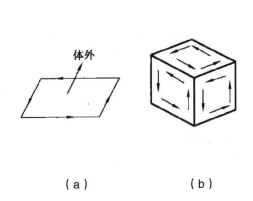

表面	棱线号			
1	1	2	3	4
2	−8	−7	−6	−5
3	−1	9	5	−10
4	−2	10	6	−11
5	−3	11	7	−12
6	−4	12	8	−9

（a）　　　　　　（b）　　　　　　（c）

图 4-9　实体模型

实体模型的局限性是无法准确地描述和控制形体的外部形状;只能产生正则形体;不能描述具有工程语义的实际形体,如具有实际工程意义的加工孔、槽等;不能为其后续系统(CAM/CAPP 等)提供非几何信息,如材料、公差等。

在几何造型中,线框模型、表面模型和实体模型的优缺点,以及三种模型的应用范围如表 4-1 所示。

表 4-1　三种模型比较

模型类型	优点	局限性	应用范围
线框模型	结构简单、易于理解、运行速度快	无观察参数的变化 不可能产生有实际意义的形体 图形会有二义性	画二维线框图（工程图）、三维线框图
表面模型	完整定义形体表面，为其他场合提供表面数据	不能表示形体	艺术图形 形体表面的显示 数控加工
实体模型	定义了实际形体	只能产生正则形体 抽象形体的层次较低	物性计算 有限元分析 用集合运算构造形体

为了克服某种造型的局限性，在实用化的几何造型系统中，常常综合使用线框模型、表面模型和实体模型，以相互取长补短。

4.2　三维实体表示方法

4.2.1 构造实体几何法

构造实体几何法（Constructive Solid Geometry）采用基本体素的并、交、差来表示实体，简称 CSG 法。它是目前最常见、最重要的方法之一。CSG 方法主要包括两个方面的内容，即体素的定义与描述、体素之间的布尔运算。

用 CSG 法表示一个物体可用二叉树的形式加以表达，如图 4-10 所示，这种形式称为 CSG 树。CSG 树描述了体素拼合的过程，树的根结点为整个复杂形体，终端结点（叶结点）可以是体素（如立方体、圆柱、圆锥），也可以是形体运动的变换参数。非终端结点（中间结点）可以是正则集合运算，也可以是形体的几何变换（平移、旋转或缩放操作），这种运算或变换只对其紧接着的子结点（子树）起作用。

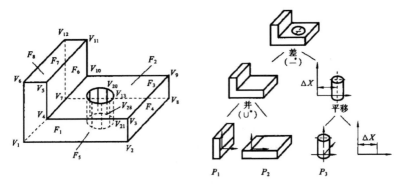

图 4-10　CSG 树

　　一般地,采用 CSG 法构造的形体无二义性,但具体的构造过程不是唯一的,其定义域取决于所用体素及所允许的几何变换和正则集合运算算子,通常采用最简单的构造方法。图 4-11（a）所示的形体可以采用图 4-11（b）或图 4-11（c）所示的方法定义。

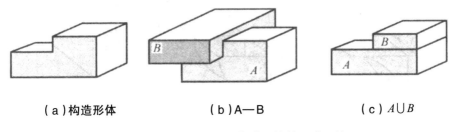

（a）构造形体　　　　　　　　（b）A—B　　　　　　　　（c）$A \bigcup B$

图 4-11　采用 CSG 法构造形体的不唯一性

　　采用 CSG 法的几何造型系统一般由两部分组成：一部分是描述将体素通过集合运算和几何变换操作生成复杂形体的 CSG 树数据结构；另一部分是描述相应体素的大小、形状、位置和方向等几何参数。这两部分均由系统定义。

　　CSG 树代表了 CSG 方法的数据结构,可以采用遍历算法进行拼合运算。CSG 树这种数据结构称为“不可计算的”,其优点是描述物体非常紧凑,缺点是当真正进行拼合操作及最终显示物体时,还需将 CSG 树这种数据结构转变为后面所说的以边界表示（B-Rep）的数据结构,这种转变靠“边界计算程序”来实现。为此在计算机内除了存储 CSG 树外,还应有一套数据结构存放体素的体—面—边信息。图 4-12 所示就是这种数据结构的一个例子,图 4-13 所示为采用 CSG 树进行产品设计的实例。

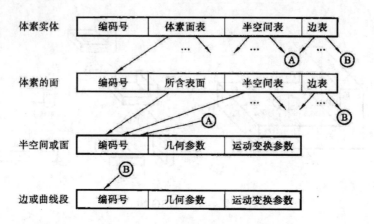

图 4-12 CSG 树中的体素信息

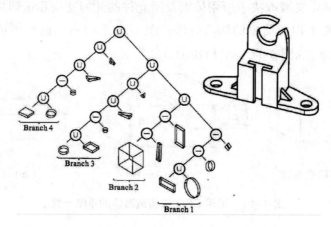

图 4-13 采用 CSG 树进行产品设计的实例

4.2.2 边界表示法

边界表示法（Boundary Representation）用顶点、棱边、表面等边界信息来表示一个实体，简称 B-Rep 法。

一个物体可以表达为它的有限数量的边界表面的集合，表面可能是平面，也可能是曲面。每个表面又可用它的边界的边及顶点加以表示，如图 4-14 所示。

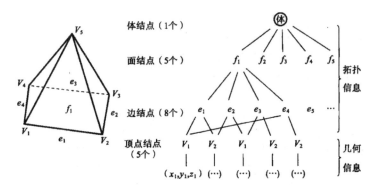

图 4-14　形体的 B-Rep 表示

B-Rep 中要表达的信息分为两类。一类是几何数据,它反映物体的大小及位置,如顶点的坐标值,面数学表达式中的具体系数等。另一类是拓扑信息,拓扑是研究图形在形变与伸缩下保持不变的空间性质的一个数学分支,拓扑只关心图形内的相对位置关系而不关心它的大小与形状。在 B-Rep 中,拓扑信息是指用来说明体、面、边及顶点之间连接关系的这一类信息。例如面 f_1 与哪些面相邻;面 f_1 由哪些边组成等等。这些都属于拓扑信息。

如图 4-15 所示为 B-Rep 模型中常用的翼边结构,如图 4-16 所示为翼边结构的具体双向链表数据结构。

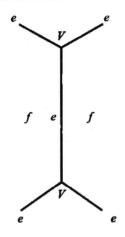

图 4 15　翼边结构

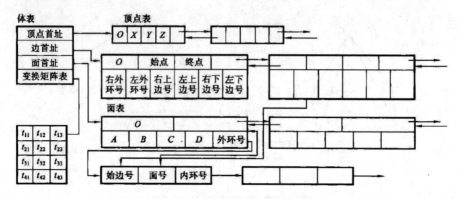

图 4-16　翼边结构的双链表数据结构

4.2.3 混合表示法

混合模型可由多种不同的数据结构组成,以便于相互补充和应用于不同的场合。目前应用最多的还是 B-Rep 与 CSG 混合,其基本方法是在原有的 CSG 树的非终端结点上扩充一级 B-Rep 法的边界数据结构,该结构就可以存储一些中间结果。

如图 4-17 所示,通常情况下终端结点就是 B-Rep 结构,就不用再扩充了。但若在非终端结点有体素布尔运算的结果时,在 CSG 树中则没有 B-Rep 表示的方式,故在 CSG 树中扩充 B-Rep,以便提供构成新实体的边界信息。

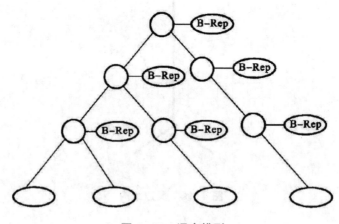

图 4-17　混合模型

在 CSG 和 B-Rep 的混合模式中,起主导地位的还是 CSG,B-Rep 的存在减少了中间环节的计算工作量,提高了显示速度。但由于混合模型是以 CSG 为主的,B-Rep 的某些优点,如便于局部修改,在混合模型中仍然不能很好地发挥作用。但 CSG 的优点在混合模式中得到了完全的发挥。

4.2.4 其他表示法

空间单元表示法也叫分割法,基本思想是将形体按某种规则分解为小的更易于描述的部分,每一小部分又可分为更小的部分,这种分解过程直至每一小部分都能够直接描述为止。空间位置枚举表示法和八叉树表示法都属于空间单元表示法。

4.2.4.1 空间位置枚举表示法

空间位置枚举法采用相同大小的空间立方体来表示形体。如图 4-18 所示,当立方体被物体所占据时,取值为 1,否则为 0。这样,用一个三维数组就可唯一表示包含于立方体之内的物体。

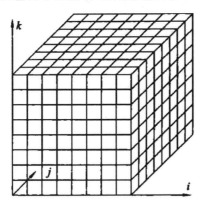

图 4-18　空间位置枚举法表示形体

通过空间位置枚举法可以看出,空间单元表示法是一种数字化的近似表示法,单元的大小直接影响到模型的分辨率,特别是对于曲线或曲面,精度越高,单元数目就越大。空间单元分割表示法的优点在于,采用这种表示很容易实现物体的集合运算,以及计算物体的诸如体积等许多整体性质;而其缺点则是,如果没有明确给出物体的边界信息,此方法就不适于图形显示,且占据的存储量非常大。为了减小使用的存储量,提出了空间位置枚举的改进方法,即八叉树表示法。

4.2.4.2 八叉树表示法

八叉树表示法不再统一将物体所在的立方体空间均匀划分成边长相等的小立方体,而是对空间进行自适应划分,采用具有层次结构的八叉树来表示物体。

为描述简单起见,以四叉树表示为例,如图 4-19 所示,在一个包含二维图形的正方形区域中考虑问题。这个正方形区域就是四叉树的根节点,它可能处于三种状态:完全被图形覆盖、部分被覆盖或完全没有被覆盖,分别以 F,P 和 E 表示。

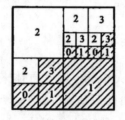

（a）空间的自适应划分,阴影部分为二维图形　（b）区域的编码

图 4-19　包含二维图形的正方形区域

若根节点处于状态 F 或 E,则四叉树建立完毕;否则,将其划分为四个小正方形区域,分别标以编码 0,1,2,3,这四个小正方形区域就成了第一层子节点,再对它们做类似于根节点的处理。如此下去,直至建立图形的四叉树表示,如图 4-20 所示。

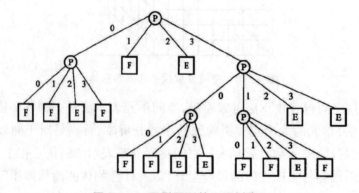

图 4-20　阴影图形的四叉树表示

八叉树表示在形体三角剖分、动画的干涉检验中经常采用(多数情况下作为临时数据结构生成,以便实现某种特定算法)。尽管采用了自适应空间分割,八叉树表示仍然需要较大的存储空间。

类似于四叉树方法,对三维形体采用八叉树表示,如图 4-21 和图 4-22 所示。

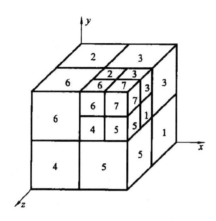

图 4-21　八叉树表示中的节点编码

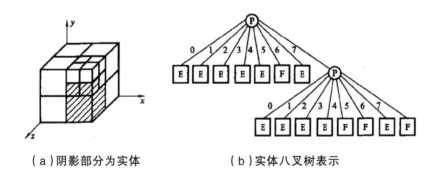

（a）阴影部分为实体　　　　　（b）实体八叉树表示

图 4-22　三维形体的八叉树表示

4.3　常用的几何形体定义方法

几何形体定义方法是给用户提供输入手段以构造形体。对于设计师而言,所关心的是如何快捷、方便地设计一个满足需求的零件结构

（即零件形体）。对 CAD 系统来说,形体定义就是用少量的参数来描述几何形体的大小、形状和位置。常用的几类形体输入方法有基本体素法、扫描变换法、局部操作法、特征表示法。

4.3.1 基本体素法

基本体素表示法用一组参数来定义一簇形状类似但大小不同的物体。例如,一个正 n 棱柱可用参数组 (n, r, h) 定义,其中 r、h 分别表示相应外接圆柱体的半径和高。这种方法通过对已有的形体作线性变换来产生形体,是最直接的方法。线性变换只影响形体的几何性质,不影响形体的拓扑性质,如图 4-23 所示。

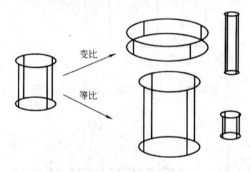

图 4-23 线性变换

常用的基本体素有方盒、柱、锥、球、环等,如图 4-24 所示。基本体素表示法适用于表示工业上已定型的标准件。标准件的具体参数值可存入数据库备查,根据体素的特定形状编制程序计算它的各种几何性质。由于每一组基本体素都必须分别处理,且通常的形体调用并不能产生比较复杂的形体,因此基本体素表示法具有很大的局限性。

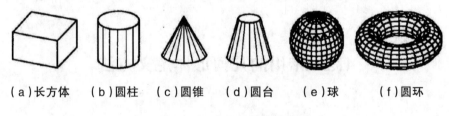

（a）长方体　　（b）圆柱　　（c）圆锥　　（d）圆台　　（e）球　　（f）圆环

图 4-24 常用的基本体素

4.3.2 扫描变换法

扫描变换法是根据二维或三维形体沿某一曲线(通常为直线或圆弧)推移时的外轮廓的轨迹来定义形体。扫描变换法易于理解和执行,特别适用于生成工业上常用的柱面体和旋转体,它在实体造型系统中常用作简单的造型输入手段。扫描变换法需要两个分量:一个是被扫描的形体,称之为基体;另一个是形体运动的路径。基体可以是曲线、表面、立体;路径可以由解析表达式来定义。

点动成线、线动成面、面动成体,当一个面域沿某一轨迹移动,就可以形成特定的几何形体,这种生成几何形体的方法称为扫描变换法。扫描变换法是生成形体(或零件)的基本方法。由于扫描变换法利用简单的运动规则生成有效实体,简单易行,可以很容易地生成基本体素,如圆柱、环、球等,故在各种几何造型系统中应用较为广泛,是所有的三维造型系统中最重要的造型方法之一。

根据扫描运动方式的不同,人们常把扫描变换法分为平移式、旋转式和广义式三种。

4.3.2.1 平移式扫描变换法

平移式扫描变换法是将一平面区域沿某矢量方向移动一给定的距离,产生一个柱体,如图 4-25 所示。其过程类似于用模具挤出具有各种各样截面的型材,线切割加工也能产生类似的形状,常用的立方体和圆柱体等基本体素即可用此法生成。

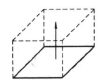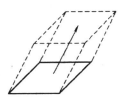

图 4-25 平移式扫描表示法

4.3.2.2 旋转式扫描变换法

旋转式扫描变换法是将一平面区域绕某一轴线旋转,产生一个旋转体，一个矩形如以它的一边为轴旋转后则可产生一个圆柱体。类似地，可以产生圆锥、圆台、球、圆环等，如图 4-26 所示。

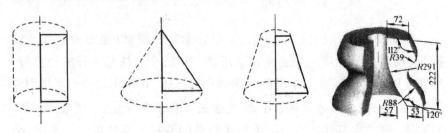

图 4-26　旋转式扫描表示法

4.3.2.3 广义式扫描变换法

广义式扫描变换法是将一平面区域（该区域在移动过程中可以按一定的规则变化）沿任意的空间轨迹线移动，生成一个三维形体，如图 4-27 所示。

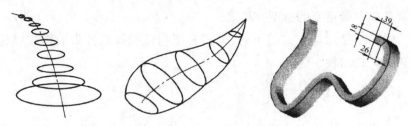

图 4-27　广义式扫描表示法

广义式扫描变换法的造型能力很强，完全包含平移式和旋转式扫描变换法。但是由于广义式扫描变换法的几何构造算法十分复杂，因此平移式和旋转式扫描变换法从广义式扫描变换法中独立出来，单独处理。

三维形体也能在空间通过扫描变换生成新的形体，如图 4-28 所示，一个圆柱体按指定方向在长方体上运动生成新的形体，这个过程犹如长方体与运动着的圆柱体不断地作差运算操作。这种三维形体的扫描变换在实际中常用来检查机械零件之间是否存在干涉现象、模拟刀具的运动等。采用扫描变换法也可生成非齐次的非正则形体，如图 4-29 所示。

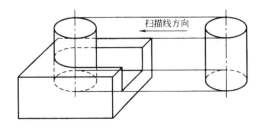

图 4-28　三维形体的扫描变换

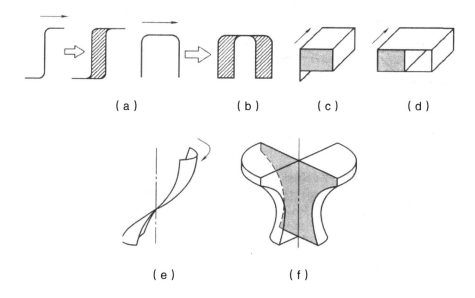

图 4-29　非齐次形体的扫描变换

图 4-29（a）中，平移扫描一条生成曲面的曲线，会生成两条悬边；图 4-29（b）中，生成的两个二维区域只有一条直线连接起来；图 4-29（c）和图 4-29（d）中，采用非齐次的母线来生成实体，会导致无效三维形体及二义性；图 4-29（e）和图 4-29（f）中，通过旋转轴线的母线旋转扫描，也会产生奇异的曲面或无效形体。在很多场合，这些情况会产生不可接受的结果，但有时候，这些结果有可能是预期的，甚至是理想的，例如对计算机艺术（Computer Art）的造型系统来说就是如此。

由于扫描变换法程序简单可靠，使用方便、直观，因此是实体造型系统最常用的输入手段，适合作为图形的输入手段，经过推广后的扫描变换法还可用于形体外形的局部修改，例如生成形体表面的局部凹腔或凸台等。

4.3.3 局部操作法

局部操作从宏观上来看,不改变形体的整体结构,只作局部修改。常见的局部操作如圆角过渡、倒角等,如图 4-30 所示。

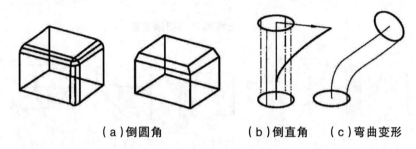

（a）倒圆角　　　（b）倒直角　　　（c）弯曲变形

图 4-30　常见的局部操作

造型系统提供局部操作功能,目的是为用户提供更直观方便的定义形体局部信息的方法。局部操作功能比在整体意义下形体间的布尔运算具有更高的效率和稳定性。

在局部操作下,用户按提示交互定义提供局部操作功能,计算机内部用 CSG 表达记录定义参数及历史,同时直接修改原始输入形体的 B-Rep 表达模型（即直接修改形体的面、环、边、点等数据表）,并生成新的 B-Rep 表达模型。

4.3.4 特征表示法

特征表示法是用户从应用层来定义物体,以具有一定设计语义、制造语义等的几何形状作为几何形体的造型基础,如各种形状的孔、槽等,如图 4-31 所示。这些特征元素对于设计者来说是比较熟悉的,因而可以较好地表达其设计意图,为制造、加工提供完整的信息。

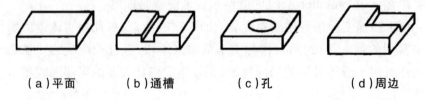

（a）平面　　　　（b）通槽　　　　（c）孔　　　　（d）周边

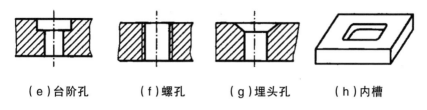

（e）台阶孔　　　（f）螺孔　　　（g）埋头孔　　　（h）内槽

图 4-31　常见的特征表示

选择哪种表示法，必须考虑以下两点：

（1）该表示法的覆盖率，即用这种表示法所能定义的形体范围的大小和造型能力的强弱。

（2）该表示法蕴含信息的完整性，即由这种表示法所决定的数据结构是否唯一地描述了三维形体，能否为后续工作提供所需的信息。

4.4　三维形体的显示

4.4.1 三维形体的显示原理

在计算机辅助设计技术中，表现三维模型的方式有 4 种：第一种是线框图，图上的线条为形体的棱边；第二种是线框消隐图，图上仅保留了形体上看得见的部分，看不见或被遮挡掉的部分就不画出来或用虚线表示；第三种是简单真实感图形；第四种是考虑材质的浓淡效果图，能够表现形体的光照效果。图 4-32 示意了各种图形的输出过程。

为了显示三维零件形体，CAD 系统内部提供参数曲面的三角剖分算法，对形体的每一个表面都进行三角剖分，经过三角剖分处理，计算机内部增加了完整的三维形体逼近多面体近似表达数据结构，即表面全部由以三角形为主的多边形构成。CAD 系统中的显示算法（线框图、消隐图、真实感显示图等）大多数都是基于该多面体离散数据的算法处理。

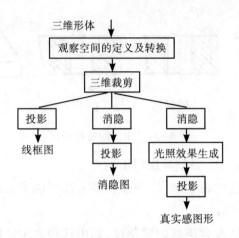

图 4-32   各种图形的输出过程

4.4.2 三维形体的消隐处理

人不能一眼看到一个三维物体的全部表面。从一个视点去观察一个三维物体,必然只能看到该物体表面上的部分点、线、面,而其余部分则被这些可见部分遮挡住。如果观察的是若干个三维物体,则物体之间还可能彼此遮挡而部分不可见。因此,如果想有真实感地显示三维物体,必须在视点确定之后,将对象表面上不可见的点、线、面消去。执行这一功能的算法,称为消隐算法。

按操作对象的不同表达,消隐算法可以分为两大类:对象空间方法和图像空间方法。常见的对象空间消隐算法包括凸多面体的消隐算法、画家算法等,常见的图像空间消隐算法主要有 Z-buffer 算法。

4.4.2.1 凸多面体消隐算法

由若干个平面多边形围成的空间图形叫作多面体,把多面体的任何一个面伸展成平面,如果所有其他各面都在这个平面的同侧,这样的多面体叫作凸多面体。对于凸多面体,可用比较简单的算法完成其消隐。

如图 4-33 所示,设 V 为由视点出发的观察向量,N 为某多边形面的法向量。若 $V \cdot N < 0$,称该多边形为前向面,若 $V \cdot N > 0$,称该多边形为后向面。如图 4-33（c）所示,后向面总是看不见的。

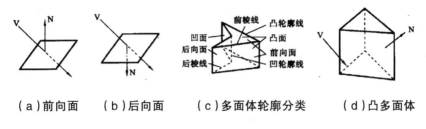

（a）前向面　　　（b）后向面　　　（c）多面体轮廓分类　　　（d）凸多面体

图 4-33　凸多面体消隐

因此，对凸多面体消隐，仅需判断后向面，即 $V \cdot N > 0$ 的面，就可把后向面的所有棱边全部消除。实际的显示过程，主要是显示可见的前向面。为加速计算，将凸多面体变换，使观察方向 V 与 z 轴方向相反，则仅判断前向面的法矢分量 $Nz > 0$ 即可。

凸多面体消隐算法如下：// 假设已知凸多面体的面—边—顶点表

```
Begin
        对凸多面体变换使 V 与 z 方向相反；
        for（所有的面）
        {
            计算该面法矢的 z 分量 Nz；
            if（Nz>0）
            {
                for（该面所有棱边）
                    画出棱边；
            }
        }
End
```

4.4.2.2 画家算法

画家算法的基本流程如下：

（1）把屏幕置成背景色。

（2）物体的各个面按其离视点的远近进行排序，排序结果存在一张深度优先级表中。

（3）按照从表头到表尾的顺序逐个绘制各个面。

画家算法原理简单，其关键是如何对场景中的物体按深度排序，如

图 4-34 所示。它的缺点是只能处理互不相交的面,而且深度优先级表中面的顺序可能出错。在两个面相交、三个以上的面重叠的情形下,用任何排序方法都不能排出正确的序,这时只能把有关的面进行分割后再排序。

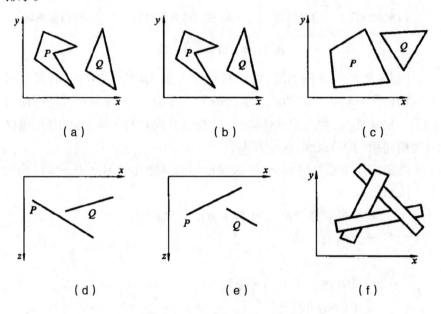

(a)   (b)   (c)

(d)   (e)   (f)

图 4-34　遮挡关系判断示意图

4.4.2.3 深度缓存(Z-Buffer)算法

这是一种在图像空间下的消隐算法,原理简单,也很容易实现,该方法可以显示形体的真实感效果图。为了得到屏幕上某像素点所对应的物体上点的颜色,假定作经过该像素点的一条射线,射线平行于观察视线,则射线与多面体物体可能有多个交点。如果物体不是透明的,则处于最前面的交点的颜色即为所求,如图 4-35 所示。

该算法需要两个数组:一是深度缓存数组 ZB,也就是所谓 Z-Buffer,算法的名称就是从这里来的;另一个是颜色属性数组 CB(Color-Buffer)。

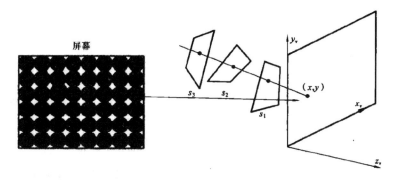

图 4-35　射线与多面体物体相交于多个交点

　　Z-Buffer 算法的缺点是占用内存空间大,没有充分利用图形特征的相关性与连续性。为了克服像素 Z-Buffer 算法的不足,人们进一步发展出了效率更高的扫描线 Z-Buffer 算法,它能够充分利用图形特征的相关性,提高点与多边形的包含性测试速度和深度计算速度,同时能大幅度减少 Z-Buffer 的缓冲内存。

第 5 章

特征建模及装配建模

基于特征的产品建模技术是当今三维机械 CAD 技术的主流,它是以几何造型为基础并包括了零件设计、生产过程所需的相关信息的产品建模技术。特征建模可大致归为交互式特征定义、特征识别和基于特征的设计三个方面。

几何建模和特征建模技术,实质上都是面向零件的建模技术,而在产品开发过程中有一个把零件装配成部件,再把部件装配成机器(或产品)的过程。装配建模的内容包括了产品装配模型的构建、装配模型的管理和装配模型的使用及分析等内容。

5.1 特征模型建模方法

对于机械产品及其零部件的建模,几何模型只描述了它的形状及尺寸等几何信息,对后续的强度计算、性能仿真分析、工艺设计和制造都是不够的。20 世纪 80 年代以来,为了实现 CAD/CAE/CAM 的集成,人们一直在研究更完整地描述机械产品及其零部件的建模技术,希望产品的模型能够考虑诸如倒角、圆角、孔、槽等加工特征,以及加工用到的各种过渡面等形状信息和工程信息,如材料、公差等,能够为其他系统,如

CAE、CAM 等提供反映设计人员设计意图的非几何信息,于是特征造型(Feature Modeling)技术应运而生。

5.1.1 特征的分类

特征(Feature)一词最早是在美国麻省理工学院 1978 年的一篇学士论文 "A Feature-Based Representation of Parts for CAD" 中提出来的。此后,经过几年的酝酿,特征造型技术的研究便蓬勃展开。1988 年,ISO 颁布的 PDES/STEP 标准将形状、公差和材料特征列为产品信息模型的构成要素,使特征造型技术的研究与应用变得更为重要。

特征是指具有一定工程语义或特定属性的几何形状或实体,它既包括了形体的几何信息和拓扑信息,也包括了形体的工程实际意义。由于产品在设计、分析和制造等不同生产阶段的概念模型不一致,造成了在各个阶段人们对特征的认识也不尽相同,也就形成了不同的特征分类方法,一些常用的特征分类如表 5-1 所示。

表 5-1　特征分类

分类方式	特征名称	分类方式	特征名称
从特征的功能与性质分	形状特征	从制造特点上分	毛坯特征
	精度特征		过渡特征
	技术特征		基本特征
	材料特征		表面特征
	装配特征		拼装特征
从产品整个生命周期发展过程分	设计特征	从设计方法上分	孔槽特征
	加工特征		挤压特征
	分析特征		拉伸特征
	公差特征		过渡特征
	检测特征		表面特征
	装配体特征		形变特征
从层次结构上分	总体特征	从复杂程度上分	基本特征
	主要特征		组合特征
	附加特征		复合特征

与造型相关的主要是设计特征或形状特征。设计特征是具有设计语义或功能语义的形状。以图 5-1 所示的零件为例,该零件由四个设计特征组成:一个基础特征、三个附加特征,其中附加特征包括一个通孔特征、一个凸台特征和一个圆角特征。

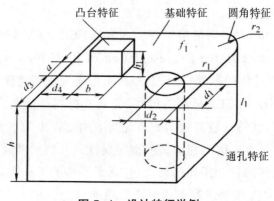

图 5-1　设计特征举例

5.1.2 特征的参数化

参数化设计是指设计对象的结构形状比较固定,可以用一组参数来约定尺寸关系,参数与设计对象的控制尺寸有显式的对应,设计结果的修改受到尺寸驱动。参数化设计为设计和修改系列化、标准化零件提供了方便。参数化设计在 CAD 中是通过尺寸驱动实现的。图 5-2(a)是驱动前的图形,尺寸参数为 A、B、C,图 5-2(b)所示是修改尺寸 C 为 C' 后的图形,图形修改前后的拓扑关系保持不变。

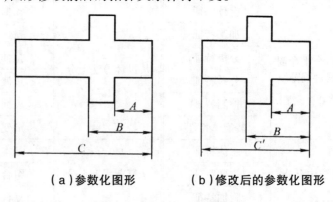

（a）参数化图形　　　　　（b）修改后的参数化图形

图 5-2　图形的尺寸驱动

为了方便特征的设计和修改,特征一般采用参数化设计方法。采用参数化定义的形状特征,设计人员只需输入少量几何参数,就可自动生成特征的大量几何信息,还可以方便地修改形状、尺寸、公差、表面粗糙度等信息,满足人们的设计需要。事实上,参数化设计是特征造型的必备功能。

5.1.3 特征的表示

特征信息的表达主要包括两方面的内容:一是要表达产品的几何、拓扑信息;二是要表达产品的非几何工程信息(如精度等级、公差带、表面粗糙度、材料硬度等信息)。根据几何形状信息和属性在数据结构中的关系,特征的表示可分为集成表示模式和分离表示模式两种。集成模式的特征信息表达方法是将特征几何信息和非几何信息集成在同一内部数据结构中;分离表示模式则将属性信息表示在与几何形状信息相分离的外部结构中。

集成模式可以避免分离模式中内部实体几何数据与外部数据的矛盾及冗余问题,可以同时对模型几何信息和非几何信息进行操作、处理和传输,给应用层带来较大的方便。但是,由于不同的应用对特征信息的需求和理解不同,现有的大多数实体建模 CAD 系统一般不提供集成模式的特征表达,很多情况都是在现有的实体建模系统上通过二次开发实现特征建模,特征的非几何信息难以直接集成到系统内部的几何信息数据结构中。因此,目前特征信息表达应用较多的还是分离模式。

根据表示方式所描述的内容,形状特征的表示有隐式表示和显式表示之分。隐式表示是特征生成过程的描述,显式表示是有确定的几何、拓扑信息的描述。图 5-3 所示的外圆柱体,显式表示含有圆柱面、两底面及边界细节,而隐式表示则用中心线、高度和直径来描述。

特征的表示有多种数据结构,形状特征常用以下一些数据结构表示:混合式 CSG/B-Rep 结构、基于约束的 B-Rep 结构、增强图法、代数法、体积法等。在混合式 CSG/B-Rep 结构中,采用 CSG 法可以易于实施特征删除、特征编辑、特征符号表示和特征模型参数化,B-Rep 法则能很好地支持图形显示、尺寸和公差标注、特征有效性和干涉检查、特征识别和转换、特征交互操作及需要表面信息的其他应用。因此,很多系统采用 CSG/B-Rep 混合结构辅之以特征描述的方式来表示形状特征。图 5-4 所示是图 5-1 所示特征形体的特征描述树。

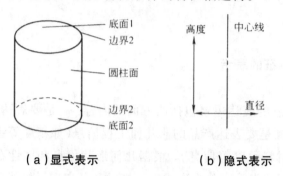

（a）显式表示　　　　　（b）隐式表示

图 5-3　显式表示与隐式表示示意图

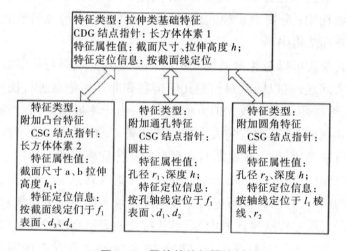

图 5-4　零件的特征描述树

5.1.4 基于特征的建模方法

特征建模的方法主要有两种形式：特征识别和基于特征的设计。

5.1.4.1 特征识别

设计人员首先进行几何建模,然后通过一个特定领域的特征自动识别系统将几何模型与预先定义的特征进行比较,从几何模型中识别或抽取特征。特征识别为现有几何建模系统的进一步应用提供了方法,部分解决了产品数据的共享问题,提高了设计的自动化程度。但由于识别能力有限,有以下的局限性。

(1)识别零件范围狭小,对简单形状的特征识别比较有效,当产品比较复杂时,特征识别就显得很困难,甚至无效。

(2)形状特征之间的关系没有表达。

(3)特征识别中难以提取非几何的设计属性信息。

特征识别的方法主要有特征匹配法、体积分解法、形体构型元素生长法、CSG 树识别法等。

5.1.4.2 基于特征的设计

基于特征的设计是指直接采用特征建立产品模型。在基于特征的 CAD 系统中,通过支持具有特定工程含义的特征,为用户提供了高层次的符合实际工程设计过程的设计概念和方法。此种特征建模即预先定义好大量特征,放入特征库,在设计阶段调入形状特征进行建模,再逐步输入几何信息、工艺信息,建立起零件的特征数据模型,并将其存入数据库。基于特征的设计是目前特征建模研究领域中的主流,而特征识别可以作为对基于特征的设计的补充。这种特征建模方法潜力较大,具有诸多优点。目前许多 CAD/CAE/CAM 系统都采用基于特征的参数化实体建模技术。

5.2 参数化特征建模

产品的设计过程是一个不断完善和反复修改的过程,即使对已定型的产品,也需要形成系列,以针对不同用户的需求提供各种规格型号的产品。因此,机械产品设计绝大多数属于改进型设计。早期的二维机械 CAD 系统不具备参数化设计的功能,用户在设计产品时,应用 CAD 技术,通过人机交互方式实现图形的绘制和尺寸标注,输入的几何元素不但都有确定的位置,而且尺寸值固定。设计只能存储最后的产品可视形状,设计的过程信息随着设计的结束而丢失。由于设计结果只是点、线、面等几何元素的堆积,不包含几何元素间的约束关系,不具备模型的尺寸驱动功能,对于这种固化的图纸,设计者如果想修改设计,哪怕是只改变一个微小的尺寸,也只能删除原有的几何线条后重新绘制。早期的三维 CAD 造型系统的情况类似,也不具备尺寸驱动模型的功能。而一个机械产品,从设计到定型,不可避免地要反复修改设计方案,定型之后,还要根据用户提出的不同规格要求形成系列化产品。这些都需要产品的设计图形可以随着某些结果尺寸的修改或规格的变化而自动生成。为了适应这种需要,从 20 世纪 80 年代开始,基于约束的参数化设计和变量化设计的 CAD 系统应运而生,目前主流的 CAD 系统基本上都具备这样的功能,这些系统采用约束表达产品的几何模型,用一组尺寸参数及工程设计参数来定义或控制几何模型,通过这些参数值驱动形状的改变,为设计和修改系列化、标准化产品提供了方便。

5.2.1 参数化和变量化设计概述

5.2.1.1 参数化设计

参数化设计(parametric design)是指用约束来表达产品的几何模型,使几何模型的拓扑关系保持不变,并通过定义一组参数来控制设计结果,从而能够利用参数调整来修改设计模型。参数化设计在 CAD 中是通过尺寸驱动实现的。尺寸驱动的几何模型由几何元素、尺寸约束和拓扑约束三部分组成,如图 5-5 所示。基于约束的参数化产品设计过程如图 5-6 所示。

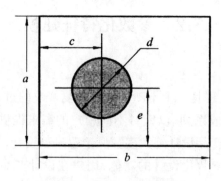

图 5-5　图形的参数化模型

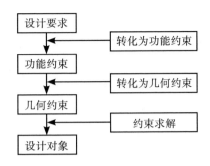

图 5-6　基于约束的参数化产品设计过程

参数化设计具有以下几个主要特点。

（1）参数化设计是基于特征的设计，是以特征作为产品几何建模的构造元素。

（2）参数化设计是全数据相关的即在产品开发过程中某一处进行的修改，能够扩展到整个设计中，同时自动更新所有的工程文档，包括装配模型、设计图样及制造数据等。

（3）参数化设计可通过编辑尺寸参数数值来驱动几何形状的改变，即尺寸驱动设计修改。

（4）参数化设计是全尺寸约束的参数化设计中将形状和尺寸联系在一起，通过尺寸约束来实现对几何形状的控制，造型必须以完整、正确的尺寸参数为出发点，即所谓的"全约束"，不能有漏标注的尺寸（欠约束），也不能有多余的尺寸标注（过约束）。

5.2.1.2 变量化设计

从 20 世纪 80 年代开始，参数化设计得到较成功的应用，到了 20 世纪 90 年代几乎成为 CAD 技术应用的业内标准。但是，美国 SDRC 公司在探索参数化技术一段时间后发现参数化设计技术仍有许多不足之处。首先，"全约束"这一硬性规定大大地制约了设计人员的想象力和创造力，在设计初期和设计过程中，设计人员都必须要把尺寸和形状关联起来考虑，一切设计都要以尺寸为依据，不能有欠标注尺寸和多标注尺寸的存在。当设计结构较复杂时，尺寸标注过多，难以实现尺寸"全约束"。其次，由于参数化设计只有尺寸驱动一种修改手段，对于复杂结构，修改时究竟哪一个尺寸的修改会使图形朝着设计者的意愿方向变化难以明朗。另外，如果出现一些不合理的极端尺寸，会致使设计结构的拓扑关系发生变化，使约束方程组无法求解，造成设计结构混乱。针对上述参数化设计问题，在 20 世纪 90 年代初，SDRC 公司的开发人员在参数化设计的基础上提出了变量化设计（variational design）的新理念。

变量化设计保留了参数化设计中基于特征、全数据相关、尺寸驱动设计修改等优点，但在约束定义和约束管理方面作了一些本质性的变化：变量化设计将形状约束和尺寸约束分开处理，解决了参数化设计中只采用尺寸参数驱动几何形状的问题；变量化设计可以适应各种约束状况，设计时可以先确定主要结构形状，然后再定义必要的几何和尺寸约束，尺寸约束可以是欠约束的，也可以像参数化设计一样是全约束的；变量化设计中的工程和几何关系要求作为约束条件与数学方程耦合，采用统一的约束方程解算器求解，计算结果与方程的解算顺序无关。而参数化设计采用全约束，由于全约束要求苛刻，所有方程必须是显式函数，所使用的参数必须在方程的解算前定义好，方程的解算只能顺序求解；参数化设计过程是全约束条件下的通过尺寸驱动改变结构形状来解决设计问题，而变量化设计是在任意约束条件下的多种约束驱动解决设计问题，不仅可以采用尺寸驱动，还可以实现约束驱动，通过工程关系约束（如机械强度、刚度约束、运动约束等），驱动结构形状和尺寸变化，这对实现产品自动化设计和性能优化设计、运动仿真有着十分显著的工程意义。

无论是参数化设计还是变量化设计，其本质都是在约束的基础上利用设计参数或设计变量对设计模型进行驱动产生新的设计结果。

总体上讲，参数化技术解决的是特定情况（全约束）下的结构形状比较定型的产品设计问题，表现形式是尺寸驱动设计修改；变量化技术解决的是任意约束（包括尺寸约束、拓扑约束、工程约束等）情况下的产品设计问题，表现形式为约束驱动设计。变量化技术使得设计修改更自由，设计过程更宽松，在用于公差分析、运动机构协调、设计优化、初步方案设计选型等，尤其在进行概念设计时更显得得心应手。

5.2.2 参数化与变量化设计的基本概念

5.2.2.1 约束

约束（constraints）是指构成图形元素的几何尺寸、位置及其各个图素之间的几何及工程关系要求的集合,并以参数等式或不等式进行描述。广义的约束是指构成产品的所有特征信息(几何信息与非几何信息)的集合,包括尺寸约束、形状拓扑约束、几何关系约束、工程关系约束等。

（1）尺寸约束是指产品几何图形元素的尺寸参数描述,尺寸约束包括定形尺寸约束和定位尺寸约束。

（2）形状拓扑约束是指产品形体的特性和关系的描述。

（3）几何关系约束是指具有几何意义的点、线、面、体等图形元素之间所有的几何关系描述。

（4）工程关系约束是指表达设计对象的原理、应力、性能、材料等方面的非几何信息描述。

常见的约束类型:水平、竖直、平行、垂直、重合、中点、相切、相等（如等长度、等半径、等直径等）、交叉点、对称、同轴心、距离、角度、限制最大、最小值等。

约束的添加方法常见的有三种:动态导航、自动识别、手工添加。最好使用软件提供的自动导航方法。

5.2.2.2 轮廓

轮廓(profile)由若干首尾相接的直线或曲线组成,用来表达实体模型的截面形状或扫描路径。轮廓上的线段(直线或曲线)不能断开、错位或交叉。草图轮廓可以是封闭的,也可以是不封闭的,但不允许既有封闭的又包含不封闭的轮廓,如图 5-7（a）所示。

（a）不正确的轮廓

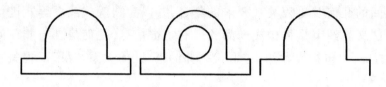

（ b ）正确的轮廓

图 5-7　正确的和不正确的轮廓

　　一般允许的轮廓类型有单一开环、单一闭环、多个非连通闭环等，如图 5-7（ b ）所示。

5.2.2.3 草图设计

　　草图（ sketch ）一词是机械制图中的术语，是指通过目测估计图形与实物的比例，按一定画法，徒手或使用部分绘图仪器绘制的图。设计人员有了构思要在第一时间记录下来，草图就是最佳选择。引申到 CAD 设计中，草图设计（ sketch design ）就是将构思的结构轮廓，以目测估计的图形和尺寸比例，用鼠标点击绘图的方式记录图形轮廓，然后不断添加及修改尺寸和图素之间的约束关系，控制设计结果，达到所需设计结构的一种设计方法。

　　草图设计符合工程设计的基本过程，即符合先原理性的定性设计，后定量设计的过程。草图设计是实现参数化和变量化设计的主要手段之一。在参数化设计和变量化设计系统中，常常利用草图绘制参数化特征的结构轮廓或扫描路径等线框结构，然后再利用三维操作，从草图轮廓中生成参数化实体结构。当需要对结构实体进行修改调整时，可通过尺寸驱动或修改变量表参数表达式等方式驱动结构、尺寸变化，从而控制设计结果的变化。

　　草图设计通常在一个草图平面上进行，CAD 系统的草图设计模块中除了提供常规的二维轮廓（如直线、圆弧、整圆、样条）绘制工具外，还要提供约束定义和约束修改等草图设计工具。

5.2.2.4 尺寸驱动

　　尺寸驱动（ dimension driven ）是指图素与尺寸之间建立关联关系后，通过编辑尺寸参数数值来驱动图素的形状和位置变化来控制设计结果。尺寸驱动把设计图形的直观性与设计尺寸的精确性有机地统一起来。如果设计人员确定了设计尺寸,计算机就把这个尺寸所体现的大小和位置信息直观地反馈给设计人员,设计人员可以迅速地发现不合理的尺寸。另外,在设计过程中,设计人员可以在屏幕上大致勾勒出设计要素的位置和大小,计算机自动将位置和大小尺寸化,供设计人员参考,设计人员可以在适当的时候修改这些尺寸。如图 5-8 所示为一个尺寸驱动的实例。在游标卡尺的尺寸标注中将尺寸数值"24.25"改为"40.15",回车后尺寸标注和图形同时发生变化,得到我们所需要的结果。因此,尺寸驱动可以大大提高设计的效果和质量。

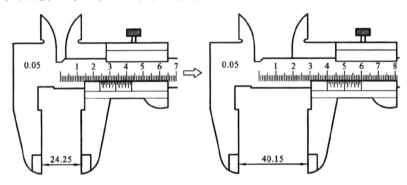

图 5-8　尺寸驱动实例

5.2.2.5 变量驱动

变量驱动(variational driven)是指将所有的设计要素,如几何尺寸、拓扑关系、结构特征的数量、工程关系,甚至公差精度、毛坯类型、材料牌号及热处理工艺参数、加工技术要求等属性都视为约束,成为设计变量,通过修改变量来驱动设计结果。变量化设计系统可提供专门的变量编辑工具(如 UG 的表示、Pro/E 的关系式、T-FLEX 的变量表等),利用该工具通过对变量的修改来驱动构成产品的各设计要素发生改变。因此,变量驱动进一步扩展了尺寸驱动这一技术,给设计对象的修改增加了更大的自由度,为 CAD 系统带来了空前的适应性和易用性,从而使设计的自动化程度大大提高。

变量驱动通常是借助一个变量编辑器来编辑变量值和计算表达式,实现变量的修改和变量之间的关联约束。通过定义变量与几何图素之间的关联关系,可以由变量驱动设计模型的修改。许多 CAD 系统都提供变量编辑工具，如：UG NX 系统"工具"菜单下的"表达式"，Pro/E 系统提供的"关系式"。变量编辑器一般提供常用的数学表达式运算、常用的函数运算（如三角函数、对数函数、指数函数、取整函数等）功能，同时在变量编辑器中还可以进行一些简单的逻辑运算和判别，有些 CAD 系统的变量编辑器还可以是变量与一些通用数据库（如 DBF 格式、MDB 格式等）或 MS-Excel 的数据表建立关联，直接完成数据库查表等功能。变量驱动这些功能为实现自动化、智能化设计提供了有效的手段。

5.2.3 参数化与变量化设计的实现方法

变量化设计的本质是在数字化建模时动态建立、编辑和识别约束，并在此约束下求解各特征点，从而驱动结构形状的变化。归纳起来有以下几种较典型的方法。

5.2.3.1 非线性方程组整体求解法

在欧几里得空间里可以用一组特征点定义一个几何体，而每个特征点有三个自由度，可以用 x、y、z 三个坐标参数定义。用 N 个特征点定义的形体共有 $3N$ 个自由度，相应需要建立 $3N$ 个独立的约束方程才能唯一确定形体的形状和位置。工程图上的一个设计对象必须满足的约束条件可以分成两类：隐式的和显式的。隐式约束在图样上不标注，显式约束在图样上用尺寸标明。在求解时将所有特征点的未知分量写成矢量，即

$$X = \left[\left(x_1, y_1, z_1\right)\left(x_2, y_2, z_2\right) \cdots \left(x_N, y_N, z_N\right) \right]^T \quad （N 表示特征点数）$$

或

$$X = \begin{bmatrix} x_1 & x_2 & x_3 & \cdots & x_{n-2} & x_{n-1} & x_n \end{bmatrix}^T \quad （n = 3 \times N，表示总自由度）$$

同样，将已知的尺寸标注约束方程的值，包括隐式条件在内，也写成矢量，即

$$D = \begin{bmatrix} d_1 & d_2 & d_3 & \cdots & d_{n-2} & d_{n-1} & d_n \end{bmatrix}^T$$

于是，变量几何的一个实例就是求解以下一组非线性约束方程组的一个具体解，即

$$\begin{cases} f_1(x_1, x_2, \cdots, x_n) = d_1 \\ f_2(x_1, x_2, \cdots, x_n) = d_2 \\ \quad\quad\quad \vdots \\ f_n(x_1, x_2, \cdots, x_n) = d_n \end{cases}$$

只有当尺寸标注合理,既无多余的重复约束(过约束),又无疏漏(欠约束)时,方程才有唯一解。求解非线性方程组的最基本方法是牛顿迭代法。

以图 5-9 所示的图形为例,特征点用直角坐标系中的向量 x、y 来表示,图上见到的尺寸标注为显示约束,各平行线之间的平行关系是隐式约束,竖线表示铅垂线、横线表示水平线等约束也是隐式约束。

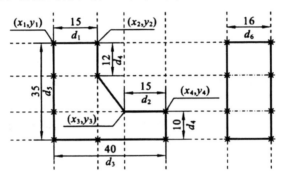

图 5-9 变量化设计尺寸显式与隐式约束

约束方程还包含那些防止自由移动的项目(如一点可被"接地"约束)。尺寸约束如

水平距离 $\quad\quad f_1(x_1, x_2, \cdots, x_N) = d_3$

垂直距离 $\quad\quad f_1(y_1, y_2, \cdots, y_N) = d_5$

当上述约束关系建立后,改变任意一个标注尺寸需重新求解方程组,计算所有特征点坐标值,更新设计模型。如将 d_3 由原来的 40 改为 50,数据更新后显示如图 5-10 所示的图形。

在机械领域,变量化设计常用于二维几何轮廓(profile)设计,这种二维廓形可作为拉伸、旋转、扫描、蒙皮等生成三维实体的几何基础,甚至作为特征建模的基础。非线性方程组的整体求解法在 20 世纪 80 年代初有 CV 和 Applicon 两大 CAD 公司在进行研究,但并未重视。直到 1987 年底,Parametric Technology 公司(PTC 公司)推出了以参数化/特征设计为基础的新一代实体建模系统——Pro/E,CAD 界才真正重视起来,纷纷效仿。目前有众多商品化 CAD 软件,其尺寸约束及其他条件可在用草图建模期间自动识别或由用户交互施加。

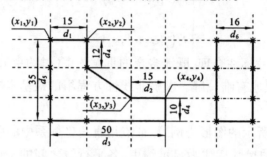

图 5-10　变量化设计中变量值更改后的结果

5.2.3.2 局部求解法

局部求解法是指在作图过程中同步建立结构图形约束的方法。在交互作图过程中,随时标注每个新增加几何元素的自由度及其所附加的约束关系,并判断几何求解的局部条件是否充分,通过遍历检测,依次解出条件成熟的元素参数。局部求解法记录对应元素之间的显式约束语义,所记录的约束种类和项目可通过预先选择菜单项设置。它能对每个新增加的几何元素的约束关系及时给予确定,可以及早发现几何元素和尺寸之间的欠约束或过约束,提高求解的效率和可靠性。该方法简单、实用,但对于复杂图形的几何约束难以表示与处理,在某些需要人为施加约束时,可能会与自动记录的约束发生干涉而导致施加失败。

5.2.3.3 作图规则匹配法

作图规则匹配法是指采用谓词表示几何约束的方法。作图规则匹配法的主要特点是在专家系统的基础上,将手工绘图的过程分解为一系列最基本的作图规则,采用人工智能的符号处理、知识查询、几何推理等手段,将当前作图步骤与基本规则相匹配,导出几何细节,求解未知数。该方法可以检查约束模型的有效性,并且有局部修改功能,但系统比较庞大,推理速度慢,对循环约束情况难以求解。

5.2.3.4 辅助线求解法

辅助线求解法是指利用辅助线作为隐含约束的方法。所有作图线都建立在辅助线的基础上,而每条辅助线都只依赖一个变量,辅助线即构成了对图形的约束,不必再做遍历搜索。当改动某一尺寸值时,可从中检索到对应的辅助线及其几何属性,同时跟踪受制约的所有后继元素,一一进行相应修改,实现尺寸驱动。该方法符合设计人员的绘图习惯,即先勾画总体轮廓辅助线,再细化结构,对线条进行裁剪和修饰,如增加过渡圆角、倒角等。但在线条太多、太密时将影响操作,辅助线之间相互干扰,会造成一些不便。

T-FLEX CAD 是一套典型的基于辅助线求解法的变量化设计系统。在图 5-11 所示零件的三视图中,其所有图形线都构筑在辅助线的基础上,辅助线之间应严格按照几何三视图的投影关系建立约束。这种辅助线的构筑和约束的定义过程与设计人员手工绘图过程完全符合。改动某一尺寸参数,首先要检索该尺寸对应的辅助线及其所有关联图素的约束,快速求解对应的参数并修改模型结构,实现参数化设计。

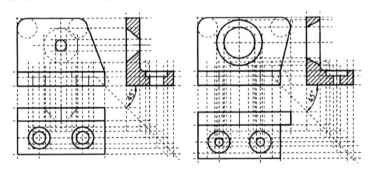

图 5-11 T-FLEX CAD 系统辅助线求解法实例

5.3 装配建模

5.3.1 装配建模概述

机械产品由部件或零件组成。简单的产品直接由零件组成,复杂的产品,如数控加工中心,则由床身、电主轴、进给系统等多个零部件组成。

在传统的产品设计过程中,许多不合理设计和错误只能等到制造、装配过程中才能发现。产品结构设计阶段的主要任务就是要明确、完整地拟定实现原理设计方案的装配结构,形成产品及其关键部件的装配设计,具体内容包括两个方面:①概念设计到结构设计的映射,进行技术上的具体化;②可装配性分析与评价。

装配设计是产品设计过程中工作量最大、耗时最多的环节,它是满足产品功能要求的关键,又是设计计算的基础,对提高产品质量和可靠性,降低产品成本和提高市场竞争力具有十分重要的意义。而产品结构设计中最常见也是最难发现的问题就是装配和维修方面的问题。

装配建模就是用 CAD 系统建立产品的三维装配模型,允许设计人员在产品数字化造型之后,直接在计算机上进行产品的预装配,观察和分析产品的工作原理和装配关系、装配规划,进行产品的质量特性分析,进行零件间的干涉检查,生成装配爆炸图,创建产品的二维装配图,进行运动学和动力学的分析等等,可以大大减少对物理样机的依赖。

5.3.2 数字化装配模型

产品的装配模型可以分为装配信息模型和装配工艺模型。装配信息模型主要用于描述产品的装配关系,装配工艺模型主要用于描述装配的工艺路线、工艺操作等。

5.3.2.1 装配信息模型

复杂机电产品一般由众多零部件装配而成,各零件间的装配关系表现为一种层次性,通常用装配树模型来描述这种关系,同时进一步补充各零部件之间的配合关系。如图 5-12 所示为产品的装配树模型,其中树的根节点是装配体,叶节点是组成产品的各个零件,而中间节点则是子装配体。装配体直观地表达了产品、部件、零件之间的相互关系。一个零件如果没有进入装配树,它是一个单一游离于装配体之外的零件,一旦作为节点链接到装配树中,它就是产品模型中的一个装配成员,同时也是 BOM 表中的一个成员项。

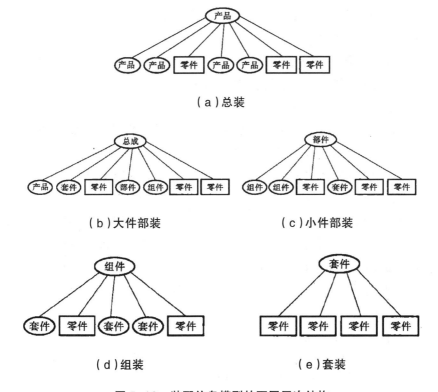

图 5-12　装配信息模型的不同层次结构

　　组成机电产品的各个零部件之间的相互关系由自上向下逐层分解的装配关系所决定,通过零部件之间的相对位置和装配关系的描述,反映部件之间的相互约束关系。

5.3.2.2 装配工艺模型

　　装配工艺模型的优劣直接决定着装配质量的好坏,因此,在产品设计阶段必须重视对装配工艺的研究。装配工艺包括装配路径、装配顺序、装配工时、装配节拍和装配公差等。

5.3.3 装配建模方法

5.3.3.1 自底向上装配建模

　　在实际工程产品开发过程中,尽管装配建模也是产品开发非常重要的环节,但相对零件而言,设计师进行零件结构设计要占用更多时间。

因此,现有商用三维 CAD 系统软件对零件结构设计的方法和工具支持更多,以提高设计效率。

目前大多数三维 CAD 系统采用先零件、后装配的原则,即首先设计各零件结构,然后定义装配关系。这种典型的自底向上的设计方法已在工程实际中获得广泛的应用。

通常,对一个典型的机械产品来说,具有明显的层次关系(总成—部件—零件),现有 CAD 系统均支持对装配模型的层次结构表达。

这种装配层次结构在 CAD 系统内部用二叉树数据结构来记录,并以装配结构树的形式进行显示。

对 CAD 用户来说,用户通过一系列装配特征操作来完成产品总成的装配,如平移、旋转、插入、共轴、共面、对齐、贴合、阵列、距离及角度约束等特征操作。用户交互输入上述特征,系统内部将其转化为三维约束,再通过三维约束求解驱动装配部件中各零件的几何相对位置,从而实现装配操作。

自底向上设计方法的优点是零部件设计相对独立,设计人员可以专注于某个零件的设计,有效地解决了装配建模问题。但是,由于每个零件是用特征单独定义的,缺乏相互联系,当某些设计条件改变时,该方法建立的产品模型不能实现相关零部件的联动修改。而且过早进行零件的定义与描述,容易造成零件之间关系的不一致性、过分约束和零件冗余,只是在装配时才能检查零件之间的配合是否合理、产品设计实际是否满足预期目标,由此引起返工及造成产品装配出现问题。

对于结构简单、无需过多考虑零部件之间的配合关系,或只有很少设计人员参与的产品而言,自底向上的设计模式还能满足开发需求。但是,当产品装配结构复杂、设计人员众多时,上述模式就存在很多缺点。在产品设计过程中,设计人员将需要花费相当多的时间跟踪零件设计及装配状况、更改参数及工艺、修改产品设计、测试并反馈信息等,以确保零件之间的设计相互匹配。

5.3.3.2 自顶向下装配建模

目前大多数三维 CAD 系统能支持自底向上的装配建模(即先零件,再装配),而产品创新设计往往是一个自顶向下的过程。

为此必须构建一个自顶向下的产品建模环境：

（1）构建统一的总体方案、装配、零件设计层次数据结构及体系架构。

（2）提供总体方案布局设计的方法及工具。

（3）提供总体布局、装配、零件全关联的设计环境。

通过统一的数据结构及体系结构，可提供系统底层的技术支撑，从而使前端的概念设计信息方便地传递到后续详细设计阶段。总体方案的布局设计为产品的前期概念设计、方案验证提供设计工具。目前三维 CAD 系统对方案设计的方法及工具支持较弱，将人工智能用于指导产品方案设计是提高方案设计的有效手段。采用全关联的设计环境能实现方案布局设计、零件设计、装配建模的互动设计，即方案设计可驱动装配设计和零件设计，反过来，零件的修改也能自适应地反馈到装配模型，甚至总体布局。

自顶向下的设计模式是先建立装配体，再在装配体中进行零件的造型和编辑。这种模式的优点是：可以参考一个零部件的几何尺寸生成或修改其他相关的零部件，从而确保零件之间存在准确的尺寸和装配关系，当被参考零件的尺寸方式改变时，相关联的零件尺寸会自动发生改变，从而保证零件之间的配合关系不发生改变。因此，这种设计方法也称为关联设计。

产品设计过程是一个复杂的创造过程。先要设计出初步方案及装配草图，建立约束驱动的产品模型；然后确定设计参数，进行详细结构设计，再通过装配建模进行装配；最后对设计方案进行分析、修改及验证，直到得到满足功能要求的产品。该过程称之为自顶向下（top-down）设计过程，其过程如图 5-13 所示。

5.3.3.3 混合装配建模方法

自底向上和自顶向下的两种装配建模方法各有所长，不同的应用场合使用不同的建模方法。对于某些应用情况，例如对一些系列化产品的局部做较大的升级性设计改造，而且大多数的设计都是在参考一些已有设计或结构的基础上进行的，设计中既有旧结构的应用和改进，也有完全创新结构设计，这时可能需要采用上述两种建模方法的组合，为此可以采用混合装配建模方法。混合装配建模方法是将自底向上和自顶向下的两种装配建模方法有机地结合在产品的建模过程中。对产品结构相对固定、零件模型相对完备的部分,可以采用自底向上的建模方法;对结构改进较大、零部件模型不够完善,或完全创新的产品结构,则采用自顶向下的建模方法。

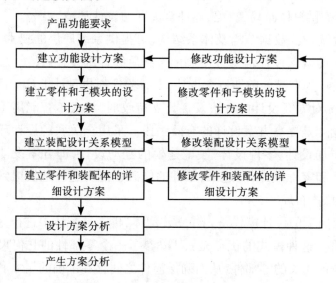

图 5-13　自顶向下的设计流程

5.3.4 数字化装配模型的分析和使用

5.3.4.1 装配干涉分析及公差检测

为了提高产品设计成功率,零件的干涉检验是必不可少的环节。装配过程中的干涉检验分析非常复杂,尤其对运动物体的干涉检验更是如此,将会耗费计算机系统大量系统资源。常用的几何干涉判断算法有投影法、扫描体法、集合运算(有无交集)、C—空间障碍法和拓扑法等。目前装配干涉检验精确算法大多采用由粗到精、逐步细化的、递归的、基于包容盒逐层分解的集合运算法,可在很大程度上提高干涉检验的效率。

机械产品各运动部件之间的干涉碰撞会引起事故发生,特别是在高速运转过程中,干涉碰撞会造成机件的损坏,甚至人身事故。因此,碰撞干涉检验在仿真中占有重要地位。

数字化样机是一种以驱动尺寸为公称尺寸的数字模型,不反映公差的作用,公差一般仅在工程图中反映。但是公差的客观存在对实际装配的成功与否有着重要影响,所以数字化样机通过间隙分析判断装配的可行性。干涉检测包括静态干涉检测(可装配性检测)和动态碰撞检测(可达性检测)。

静态干涉检测首先检查零件的包容体的干涉情况,如无干涉则一定可装配,否则通过公差分析来检测零件的干涉情况;动态碰撞检测可通过由装配路径等信息形成的虚拟体的方式转化为静态干涉检测而实现。

在装配公差模型的基础上进行公差分析,以确定是否可以满足设计要求,从而进行相关尺寸和公差的调整。通过改变个别关键尺寸的公差约束来提高零件的可装配性和互换性;减少由于公差分配不合理或不正确而造成的装配后产品精度超标和返工的概率;减少装配过程中的选配、修配和调整时间,提高装配效率,降低制造成本。

5.3.4.2 装配模型的爆炸图

装配体的爆炸图模式也称为场景模式。为了清楚地表达一个装配关系,将部件沿其装配的路线移开,就形成了所谓的爆炸图。爆炸图可以显示出各构件之间的装配关系。在场景中不能编辑构件和它们之间的约束关系,但可以编辑爆炸图中构件之间的位置及表示装配关系的轨迹。由装配模型可以自动生成它的爆炸场景图,在这种视图中,构成装配体的各个构件以一定的距离分隔显示,可以更清晰、直观地表达装配造型中不同构件的相互位置关系,分隔距离可以由"爆炸因子"自由调整。

5.3.4.3 由三维装配模型生成二维装配工程图

目前,在机械产品的生产和维护环节还广泛地使用二维的零件图和装配工程图。装配图数量在产品设计中的占有率通常不超过 10%,但其所用时间和精力,则不小于 50%。用手工绘制装配图由于难以直接共享已有的零件设计和方案设计等信息资源,以及无法对图纸做灵活的编辑,因此,由三维装配模型生成二维装配工程图具有重要意义。

现有三维 CAD 系统采用基于特征造型的 CAD 系统,多采用数据库联动技术,可以在三维装配模型的基础上直接生成相应的二维装配工程图。例如，通过对三维模型进行投影，可以直接获得任意角度的产品外形图，也可以假想对产品进行剖切，获得产品的剖视图或断面图。

如图 5-14 所示就是利用减速器的三维装配模型获得的相应二维工程图。

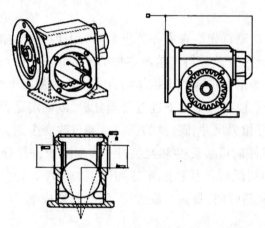

图 5-14   利用减速器的装配模型生成的二维工程图

除了可以生成图形，还可以生成产品的材料清单，即 BOM 表（Bill of Material），用于后续的生产加工和管理。

5.4   基于特征的机械产品设计

5.4.1 基于模型的工程定义

MBD（Model Based Definition），即基于模型的工程定义，是一个用集成的三维实体模型来完整表达产品定义信息的方法体，它详细规定了三维实体模型中产品尺寸、公差的标注规则和工艺信息的表达方法。

MBD 实现了三维模型直接用于制造的愿望。MBD 是一种基于 3D 的产品数字化标注技术，如图 5-15 所示，它完成了三维数字化模型对产品数字化信息的完整描述。

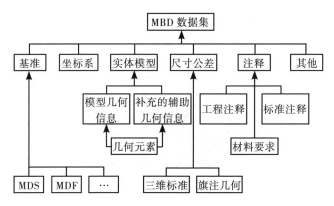

图 5-15　MBD 数据集的组成

　　基于 MBD 的三维数模通过图形和文字表达的方式,直接或间接地揭示了一个物料(BOM)项的物理和功能需求。MBD 模型分为零件模型与装配模型,零件模型由以简单几何元素构成的、用图形方式表达的几何信息和以文字表达的属性、注释等非几何信息组成。属性数据表达了产品的原材料规范、分析数据、测试需求等产品内置信息;而注释数据包含了产品尺寸与公差范围、制造工艺和精度要求等生产必需的工艺约束信息。装配模型则由一系列 MBD 零件模型组成的装配零件列表加上以文字表达的属性和注释数据组成,如图 5-16 所示。图 5-17 所示为一飞机构件的 MBD 模型。

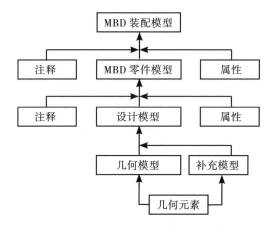

图 5-16　MBD 装配模型组织

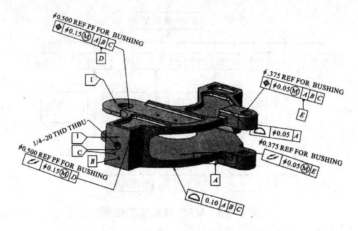

图 5-17　飞机构件的 MBD 模型

5.4.2 基于特征的机械产品设计应用

这里以 CATIA 参数化特征造型系统为平台,以减速器为例说明机械产品基于特征的造型过程。

（1）参数化特征造型的一般过程。

在基于特征的造型系统中,零件是由特征构成的,因此,零件的造型过程就是不断生成特征的过程,大致包括以下几个步骤。

1）规划零件。分析零件的特征组成和零件特征之间的相互关系,分析特征的构造顺序,以及特征的构造方法。

2）创建基本特征。完成基体特征的创建后,再根据零件的规划结果,添加其他辅助特征。

3）编辑和修改特征。在特征造型中可以对特征进行实时修改,包括修改特征的形状、尺寸、位置和特征的从属关系,也可以删除已经建好的特征。

（2）参数化特征造型。

1）特征分析。特征分析主要包括以下内容。

特征分解。分析零件是由哪些特征组成,需要创建哪些特征,对同一零件是否存在不同的分解方法。

特征的构造顺序。分析按什么样的顺序创建这些特征,以及如何修改它们,分析的原则仍然是能够反映设计思路,并便于设计分析和修改。

特征的构造方法。不同的特征有不同的构造方法,同一特征也有不同的构造方法,造型时应确定特征的造型方法。

减速器箱体零件由多种特征复合而成:拉伸特征、孔特征等。各特征的顺序也比较清楚,其中底座最先构造,其次是腔体外壁,然后挖出孔特征。从特征构造的方法考虑,底座和腔体是拉伸特征,其余特征采用 CATIA 提供的细节特征进行创建。创建特征时需要采用基准特征,该特征属于参考特征。

2)创建基础特征。包括拉伸特征、孔特征等。

3)创建其他特征。主要是指倒角等相关细节特征的创建。

第 6 章

CAE 技术基础

CAE 技术是主要以有限元分析技术为基础,综合了迅速发展中的计算力学、计算数学、相关的工程管理学与现代计算技术而形成的一门综合性、知识密集型的学科。本章主要阐述了 CAE 技术的基础理论,包括有限元分析技术、优化设计方法、可靠性设计方法和仿真技术。

6.1 CAE 技术概述

现代的质量观念认为:产品的质量优劣取决于性能、可靠性、维修性、安全性、适应性、经济性及时间性这七个基本指标的综合评价结果,特别是性能、可靠性、安全性尤为重要。设计、开发的产品质量如何,其各项指标是否达到要求,是否具有竞争力,不能等到产品制造出来后才能确定,必须在产品研发过程中通过模拟、计算等方式预先分析和评价。传统的工业设计方法主要依据设计人员的经验,以经验进行研究的是数学的初步的设计,再由初步的设计去做出模型,再做出样机,利用样机进行试验,以确保产品的可靠性,此种方法称为试误法。若样机经测试不能满足工程或品质上的要求时,则再修改原设计图,改进样机后再进行测试。此种方法研发周期长、费用高,无法适应市场竞争。

计算力学、计算数学、工程管理学的运用,特别是信息技术的飞速发展,极大地推动了相关产业和学科研究的进步。有限元、有限体积及差分等方法与计算机技术相结合,诞生了新兴的跨专业和跨行业的学科。将计算机引入工程分析领域,对产品的设计方案和产品的性能、可靠性、安全性、经济性等方面的产品质量分析采用 CAE(计算机辅助工程)技术,可以改进产品研发过程,在完成产品方案设计后,通过 CAE 技术可以使样机的试验过程在计算机上实现,进行各种分析及设计优化,从而缩短产品的研制周期,降低产品研发费用。CAE 技术引入设计领域后,给现代产品设计带来了巨大变革。

6.2 有限元分析技术

更大规模的建筑、更快速的交通工具、更精密的大功率设备,要求工程师在设计阶段就能精确地预测产品和工程的技术性能。在计算机技术和数值分析方法支持下发展起来的有限元法为解决复杂的工程分析计算问题提供了有效途径。

现代有限元法的起源可以追溯到 20 世纪初。当时有一些研究人员利用离散的等价弹性杆来近似模拟连续的弹性体。人们公认 Courant 是有限元法的奠基人,在 20 世纪 40 年代,Courant 发表了一篇论文,他首次使用多边形插值而不是三角剖分方法来研究扭转问题。然而,直到 20 世纪 60 年代,Clough 才使人们广为接受 "有限元" 这一术语。在计算机的应用日益普及和数值分析在工程中的作用日益增长的情况下,有限元法已经经历了从蓬勃发展到日趋成熟的过程。现在,有限元法的应用已经由求解弹性力学层面问题扩展到空间问题、板壳问题;由求解静力平衡问题扩展到求解瞬态动力问题、稳定问题;从线性分析扩展到物理、几何和边界非线性分析。研究对象也从弹性材料扩展到塑性、黏弹性、黏塑性和复合材料等,并且有限元法已经应用到流体力学、传热学、电磁学等其他研究领域。

6.2.1 有限元法的基本原理和分析方法

有限元法（Finite Element Method，FEM）是一种数值离散化方法，根据变分原理求其数值解，适合于求解结构形状及边界条件比较复杂、材料特性不均匀等力学问题。有限元法的功用列表如表 6-1 所示。

表 6-1 有限元法的功用列表

研究领域	平衡问题	特征值问题	动态问题
结构工程学、结构力学、宇航工程学	梁、板壳结构分析、复杂或混杂结构分析	结构的稳定性、结构固有频率和振型、线性黏弹性阻尼	应力波的传播、结构非周期载荷动态响应、耦合热弹性力学与热黏弹性力学
土力学、基础工程学、岩石力学	填筑和开挖问题，边坡稳定性问题，隧洞、船闸等分析，流体在土壤和岩石的稳态渗流	土壤—结构组合物的固有频率和振型	土壤与岩石中非定常渗流、应力波在土壤和岩石中的传播、土壤与结构动态相互作用
热传导学	固、流体稳态温度分布		固体和液体中的瞬态热流
流体动力学、水利工程学	流体的势流、流体的黏性流动、定常渗流、水工结构	湖泊和港湾的波动、刚性或柔性容器中流体的晃动	河口的盐度和污染研究、沉积物推移、流体非定常流动
电磁学	静态电磁场分析		时变、高频电磁场分析

有限元法的基本思想：在对整体结构进行结构分析和受力分析的基础上，对结构加以简化，利用离散化方法把简化后的边界结构看成是由许多有限大小、彼此只在有限个节点处相连接的有限单元的组合体，然后从单元分析入手，先建立每个单元的刚度方程，再用计算机对平衡方程组求解，便可得到问题的数值近似解。

根据未知量求出的先后顺序，有限元法有三种基本解法。

（1）位移法取节点位移为基本未知量的求解方法。利用位移表示的平衡方程及边界条件先求解位移未知量，然后根据几何方程与物理方程求解应变和应力。

（2）力法取节点力作为基本未知量的求解方法。

（3）混合法取一部分节点位移，一部分节点力作为基本未知量的求解方法。其中采用位移法易于实现计算机自动化计算。

6.2.2 有限元法的基本步骤

有限元法是指已知物体区域边界上的约束条件及所受的作用力，求解区域内各点的位移和应力等的方法。对于具有不同物理性质和数学模型的问题，有限元法的求解基本步骤是相同的。只是具体的公式推导和运算过程不同。有限元法的求解基本步骤是有限元法的核心对于二维、三维问题中的任何结构都是适用的，具有一般性。不同有限元法问题的主要差别在于划分的单元类型不同，从而影响到单元分析和单元等效节点载荷求法的选择。

6.2.2.1 离散化处理

有限元分析的第一步是要将连续的弹性体离散化为有限多个有限大小的有限单元的组合体，由于实际机械结构常常很复杂。即使对结构进行了简化处理，仍难用单一的单元来描述。因此在对机械结构进行有限元分析时，必须选用合适的单元并进行合理的搭配对连续结构进行离散化处理，以使所建立的计算力学模型能在工程意义上尽量接近实际结构，提高计算精度。

在结构离散化处理中需要解决的主要问题是单元类型选择单元划分单元编号和节点编号。

（1）单元类型选择的原则。

①应该选择解决问题要求的自由度最少的单元。选择具有最少必要自由度的单元会显著缩短分析计算时间。例如，当被分析的结构具有的几何形状、载荷、约束和坐标系都在同一平面内，这种结构可用板壳单元来建模，也可用平面应力单元，两者能得到相同的计算结果。因为在平面问题中，板壳元具有一些"多余"自由度，所以使用板壳单元比使用平面应力单元需要更多的计算时间和存储空间。

②选定所使用的单元类型后，组成这些单元的节点有效自由度即被确定，相应的载荷、约束、坐标系或材料性质也被单元类型所制约，如果

它们对单元而言不是有效自由度,则在计算时不予考虑。例如,力矩可以用于只有桁架杆单元连接的节点,但因为桁架单元没有转动自由度,所以这些载荷被忽略,而且可能得出错误的结果,即结构上这些载荷的作用将不明显。改进的方法是去掉这些载荷,或者把单元类型由桁架杆单元变为具有转动自由度的梁单元。

（2）单元的类型。

单元类型不仅依赖于构件的几何形状,还依赖于载荷的类型和方向。一般将单元类型分为三大类:"一维"单元(桁架单元、梁元和边界元),用于"线"型结构建模;"二维"单元(平面应力、平面应变、轴对称元和板壳元),用于"表面"型结构建模;"三维"单元(三维实体),用于三维连续体建模。这里所指的"一维""二维""三维"形式并不指单元所对应的有效结构的真实类型,而是指所能得到的模型的类型。例如,板壳单元可用于完全三维构件建模,但其结果实际上是二维的。

①线单元。这是最简单的一维单元,单元内任意点的变形和应力由沿轴线的坐标确定。线单元包含以下三种具体单元:梁单元,用于螺栓、薄壁管件、C形截面构件、角钢或细长薄膜构件(只有薄膜应力和弯应力的情况)等模型;杆单元,用于弹簧、螺杆、预应力螺杆和薄膜桁架等模型;弹簧单元,用于弹簧螺杆、细长构件,或通过刚度等效替代复杂结构等模型。

②板单元。这类单元内任意点的变形和应力由 X、Y 两个坐标确定,这是应用最广泛的基本单元,有三角形单元和矩形单元两种。

③多面体单元。它可分为四面体单元和六面体单元。

④薄壳单元。它是由曲面组成的壳单元。

（3）离散化处理。

①任意一个单元的顶点必须同时是相邻单元的顶点。

②尽可能使单元的各边长度相差不要太大。

③在结构的不同部位应采用不同大小的单元来划分。

④对具有不同厚度或由几种材料组合而成的构件必须把厚度突变线或不同材料的交界线取为单元的分界线。即同一单元只能包含一种厚度或一种材料常数。

⑤如果构件受集中载荷作用,或承受有突变的分布载荷作用,应当把此部位划分得更细,并且此处设置节点。

⑥若结构和载荷都是对称的,则可只取一部分束分析,以减小计算量。

图 6-1 所示为三角形单元划分示例。

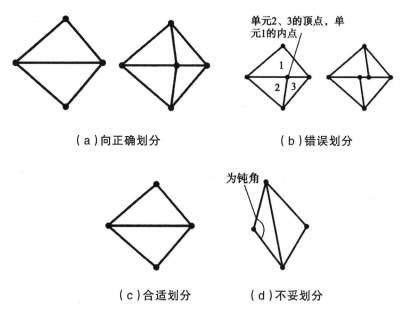

（a）向正确划分   （b）错误划分

（c）合适划分   （d）不妥划分

图 6-1　三角形单元划分示例

对平面问题而言,最简单的离散化模型是由许多 3 节点三角形单元在节点处铰接相连而成,其实例可见图 6-2 所示的梁的离散化模型和图 6-3 所示的水坝的离散化模型。

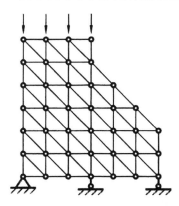

图 6-2　梁的离散化模型

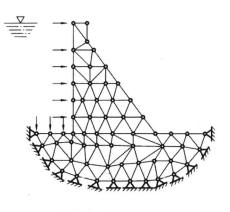

图 6-3　水坝的离散化模型

6.2.2.2 单元分析

（1）单元位移插值函数。

给定每个单元上的节点，然后选择位移插值函数的类型来近似表示每个单元上场变量的真实分布或变化。

位移函数必须具备三个条件：

①位移函数在单元内必须连续，相邻单元之间的位移必须协调。

②位移函数必须包含单元的刚体位移。

③位移函数必须包含单元的常应变状态。

假设三角形单元（见图 6-4）中节点 i、j、k 的坐标分别为 (x_i, y_i)、(x_j, y_j)、(x_k, y_k)，每个节点有两个位移分量，记为 $(\delta_i) = (u_i \quad v_i)^{\mathrm{T}}$ $(i = i, j, k)$，单元内任一点 (x, y) 的位移为 $(f) = (u \quad v)^{\mathrm{T}}$。以 $(\ddot{a})^{(e)} = (u_i \quad v_i \quad u_j \quad v_j \quad u_k \quad v_k)^{\mathrm{T}}$ 表示单元节点位移列阵。取线性函数

$$\begin{cases} u = a_1 + a_2 x + a_3 y \\ v = a_4 + a_5 x + a_6 y \end{cases}$$

将边界条件代入后可得

$$(f) = \begin{pmatrix} N_i^e, 0, N_j^e, 0, N_k^e, 0 \\ 0, N_i^e, 0, N_j^e, 0, N_k^e \end{pmatrix} (\delta)^{(e)} = (N)(\delta)^{(e)}$$

（2）单元刚度矩阵。

单元刚度矩阵由单元类型决定。可用虚功原理或变分原理等导出，具有以下三种性质：

①对称性单元刚度矩阵是一个对称阵。

②奇异性单元刚度矩阵各行（列）的各元素之和为零，因为在无约束条件下单元可做刚体运动。

③单元刚度矩阵主对角线上的元素为正值因为位移方向与力的方向一致。

上述三角形单元的单元刚度矩阵为

$$(K)^{(e)} = \begin{pmatrix} k_{ii}^e, k_{ij}^e, k_{ik}^e \\ k_{ji}^e, k_{jj}^e, k_{jk}^e \\ k_{ki}^e, k_{kj}^e, k_{kk}^e \end{pmatrix}$$

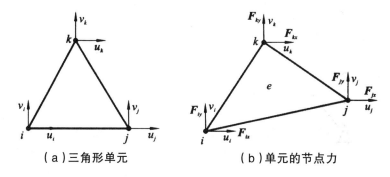

（a）三角形单元　　　　　　（b）单元的节点力

图 6-4　三角形单元

（3）单元方程的建立。

下面以虚功原理为例来说明建立有限元分析单元方程的基本方法。图 6-4（b）所示三节点三角形单元的三个节点 i、j、k 上的节点力分别为 $\left(F_{ix},F_{iy}\right)$、$\left(F_{jx},F_{jy}\right)$、$\left(F_{kx},F_{ky}\right)$，记节点力列阵为 $(\boldsymbol{F})^{(e)}$，且

$$\left(\boldsymbol{F}\right)^{(e)}=\begin{pmatrix}F_{ix} & F_{iy} & F_{jx} & F_{jy} & F_{kx} & F_{ky}\end{pmatrix}^{\mathrm{T}}$$

设在节点上产生虚位移 $\left(\ddot{\boldsymbol{a}}^{*}\right)^{(e)}$，则 $(\boldsymbol{F})^{(e)}$ 所做的虚功为

$$\boldsymbol{W}^{(e)}=\left[\left(\boldsymbol{\delta}^{*}\right)^{(e)}\right]^{\mathrm{T}}\left(\boldsymbol{F}\right)^{(e)}$$

整个单元体的虚应变能为

$$U^{(e)}=\iiint\limits_{v}\left(\varepsilon_{x}^{*}\sigma_{x}+\varepsilon_{y}^{*}\sigma_{y}+\gamma_{xy}^{*}\sigma_{xy}\right)\mathrm{d}v=\iint\left(\varepsilon^{*}\right)^{\mathrm{T}}\left(\sigma\right)^{(e)}t\mathrm{d}x\mathrm{d}y$$

式中，t 为单元的厚度。

由虚功原理有

$$W^{(e)}=U^{(e)}$$

将 $W^{(e)}$、$U^{(e)}$ 代入，并经整理可得

$$\left(\boldsymbol{K}\right)^{(e)}\left(\boldsymbol{\delta}\right)^{(e)}=\left(\boldsymbol{F}\right)^{(e)}$$

6.2.2.3 整体分析

由单元分析得出的仅仅是局部的信息，各个单元靠节点连接起来组成整体，因而必须从全局进行分析。就是说将各个单元的方程（单元制度矩阵）按照保证节点处位移连续性的方式组合起来，就可得到整个物

体的平衡方程(整体刚度矩阵)，再按照给定的位移边界条件修改这些方程，使平衡方程组有解。

$$(K)(\delta)=(F)$$

6.2.2.4 引入边界条件求解

为了求得上述方程组中节点位移的唯一解，必须根据结构与外界支承关系引入边界条件，消除刚度矩阵(K)的奇异性，使方程组得以求解，进而再将求出的节点位移代入各单元的物理方程，求得各单元的应力。求解结果是单元节点处状态变量的近似值。计算结果的质量将通过与设计准则提供的允许值相比较来评价，并确定是否需要重复计算。

6.2.2.5 有限元法基本原理和步骤举例

如图 6-5（a）所示为一平面桁架，已知 $P=1\,000\,kN$，$L=1\,m$，$E=210\,GPa$，$A_1=6.0\times10^{-4}\,m^2$，$A_2=6.0\times10^{-4}\,m^2$，$A_3=6\sqrt{2}\times10^{-4}\,m^2$，求节点位移与反力。

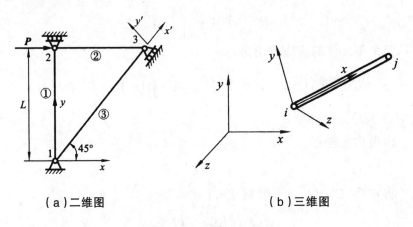

（a）二维图　　　　　　（b）三维图

图 6-5　平面桥架示例图

解：对于单元①：$\theta=90°,\cos\theta=0,\sin\theta=1$。

$$K_1 = \frac{EA_1}{L_1} \begin{pmatrix} \cos^2\theta & \cos\theta\sin\theta & -\cos^2\theta & -\cos\theta\sin\theta \\ \cos\theta\sin\theta & \sin^2\theta & -\cos\theta\sin\theta & -\sin^2\theta \\ -\cos^2\theta & -\cos\theta\sin\theta & \cos^2\theta & \cos\theta\sin\theta \\ -\cos\theta\sin\theta & -\sin^2\theta & \cos\theta\sin\theta & \sin^2\theta \end{pmatrix}$$

$$= \frac{EA_1}{L_1} \begin{pmatrix} 0 & 0 & 0 & 0 \\ 0 & 1 & 0 & -1 \\ 0 & 0 & 0 & 0 \\ 0 & -1 & 0 & 1 \end{pmatrix}$$

$$= \left(1\,260 \times 10^5\right) \begin{pmatrix} 0 & 0 & 0 & 0 \\ 0 & 1 & 0 & -1 \\ 0 & 0 & 0 & 0 \\ 0 & -1 & 0 & 1 \end{pmatrix}$$

对于单元②：$\theta = \text{□}°\text{□}\text{□}\theta =$ $\theta =$ 。

$$K_2 = \frac{EA_2}{L_2} \begin{pmatrix} \cos^2\theta & \cos\theta\sin\theta & -\cos^2\theta & -\cos\theta\sin\theta \\ \cos\theta\sin\theta & \sin^2\theta & -\cos\theta\sin\theta & -\sin^2\theta \\ -\cos^2\theta & -\cos\theta\sin\theta & \cos^2\theta & \cos\theta\sin\theta \\ -\cos\theta\sin\theta & -\sin^2\theta & \cos\theta\sin\theta & \sin^2\theta \end{pmatrix}$$

$$= \frac{EA_2}{L_2} \begin{pmatrix} 1 & 0 & -1 & 0 \\ 0 & 0 & 0 & 0 \\ -1 & 0 & 1 & 0 \\ 0 & 0 & 0 & 0 \end{pmatrix}$$

$$= \left(1\,260 \times 10^5\right) \begin{pmatrix} 1 & 0 & -1 & 0 \\ 0 & 0 & 0 & 0 \\ -1 & 0 & 1 & 0 \\ 0 & 0 & 0 & 0 \end{pmatrix}$$

对于单元③：$\theta = 45°, \cos\theta = \dfrac{\sqrt{2}}{2}, \sin\theta = \dfrac{\sqrt{2}}{2}$。

$$\boldsymbol{K}_3 = \frac{EA_3}{L_3} \begin{pmatrix} \cos^2\theta & \cos\theta\sin\theta & -\cos^2\theta & -\cos\theta\sin\theta \\ \cos\theta\sin\theta & \sin^2\theta & -\cos\theta\sin\theta & -\sin^2\theta \\ -\cos^2\theta & -\cos\theta\sin\theta & \cos^2\theta & \cos\theta\sin\theta \\ -\cos\theta\sin\theta & -\sin^2\theta & \cos\theta\sin\theta & \sin^2\theta \end{pmatrix}$$

$$= \frac{EA_3}{L_3} \begin{pmatrix} 1 & 1 & -1 & -1 \\ 1 & 1 & -1 & -1 \\ -1 & -1 & 1 & 1 \\ -1 & -1 & 1 & 1 \end{pmatrix}$$

$$= \left(1\,260\times10^5\right) \begin{pmatrix} 0.5 & 0.5 & -0.5 & -0.5 \\ 0.5 & 0.5 & -0.5 & -0.5 \\ -0.5 & -0.5 & 0.5 & 0.5 \\ -0.5 & -0.5 & 0.5 & 0.5 \end{pmatrix}$$

系统结构总体刚度矩阵为

$$\boldsymbol{K} = \left(1\,260\times10^5\right) \begin{pmatrix} 0.5 & 0.5 & 0 & 0 & -0.5 & -0.5 \\ 0.5 & 1.5 & 0 & -1 & -0.5 & -0.5 \\ 0 & 0 & 1 & 0 & -1 & 0 \\ 0 & -1 & 0 & 1 & 0 & 0 \\ -0.5 & -0.5 & -1 & 0 & 1.5 & 0.5 \\ -0.5 & -0.5 & 0 & 0 & 0.5 & 0.5 \end{pmatrix}$$

则系统结构有限元方程为

$$\left(1\,260\times10^5\right) \begin{pmatrix} 0.5 & 0.5 & 0 & 0 & -0.5 & -0.5 \\ 0.5 & 1.5 & 0 & -1 & -0.5 & -0.5 \\ 0 & 0 & 1 & 0 & -1 & 0 \\ 0 & -1 & 0 & 1 & 0 & 0 \\ -0.5 & -0.5 & -1 & 0 & 1.5 & 0.5 \\ -0.5 & -0.5 & 0 & 0 & 0.5 & 0.5 \end{pmatrix} \begin{pmatrix} u_1 \\ v_1 \\ u_2 \\ v_2 \\ u_3 \\ v_3 \end{pmatrix} = \begin{pmatrix} F_{1x} \\ F_{1y} \\ F_{2x} \\ F_{2y} \\ F_{3x} \\ F_{3y} \end{pmatrix}$$

载荷与位移边界条件为：$u_1 = v_1 = v_2 = 0$，$v_3' = 0$，$F_{2x} = P$，代入矩阵方程得

$$
\left(1\,260\times10^5\right)
\begin{pmatrix}
0.5 & 0.5 & 0 & 0 & -0.5 & -0.5 \\
0.5 & 1.5 & 0 & -1 & -0.5 & -0.5 \\
0 & 0 & 1 & 0 & -1 & 0 \\
0 & -1 & 0 & 1 & 0 & 0 \\
-0.5 & -0.5 & -1 & 0 & 1.5 & 0.5 \\
-0.5 & -0.5 & 0 & 0 & 0.5 & 0.5
\end{pmatrix}
\begin{pmatrix}
0 \\ 0 \\ u_2 \\ 0 \\ u_3 \\ v_3
\end{pmatrix}
=
\begin{pmatrix}
F_{1x} \\ F_{1y} \\ P \\ F_{2y} \\ F_{3x} \\ F_{3y}
\end{pmatrix}
$$

由 $v_3' = \begin{pmatrix} -\sin\theta & \cos\theta \end{pmatrix}\begin{pmatrix} u_3 \\ v_3 \end{pmatrix} = \begin{pmatrix} -\dfrac{\sqrt{2}}{2} & \dfrac{\sqrt{2}}{2} \end{pmatrix}\begin{pmatrix} u_3 \\ v_3 \end{pmatrix} = 0$ 可得

$$
u_3 = v_3
$$

由 $F_{3x}' = \begin{pmatrix} \cos\theta & \sin\theta \end{pmatrix}\begin{pmatrix} F_{3x} \\ F_{3y} \end{pmatrix} = \begin{pmatrix} \dfrac{\sqrt{2}}{2} & \dfrac{\sqrt{2}}{2} \end{pmatrix}\begin{pmatrix} F_{3x} \\ F_{3y} \end{pmatrix} = 0$ 可得

$$
F_{3y} = -F_{3x}
$$

简化矩阵方程得

$$
\left(1\,260\times10^5\right)
\begin{pmatrix}
1 & -1 & 0 \\
-1 & 1.5 & 0.5 \\
0 & 0.5 & 0.5
\end{pmatrix}
\begin{pmatrix}
u_2 \\ u_3 \\ u_3
\end{pmatrix}
=
\begin{pmatrix}
P \\ F_{3x} \\ -F_{3x}
\end{pmatrix}
$$

求解可得

$$
F_{3x} = -1\,260\times10^5 u_3 \quad u_2 = 0.011\,91 \quad u_3 = 0.003\,968
$$

将位移代入矩阵方程可得反力

$$
\begin{pmatrix}
F_{1x} \\ F_{1y} \\ F_{2y} \\ F_{3x} \\ F_{3y}
\end{pmatrix}
= 1\,260\times10^5
\begin{pmatrix}
0 & -0.5 & -0.5 \\
0 & -0.5 & -0.5 \\
0 & 0 & 0 \\
-1 & 1.5 & 0.5 \\
0 & 0.5 & 0.5
\end{pmatrix}
\begin{pmatrix}
u_2 \\ u_3 \\ v_3
\end{pmatrix}
=
\begin{pmatrix}
-500 \\ -500 \\ 0 \\ -500 \\ 500
\end{pmatrix}
$$

如果杆单元位于三维空间 [见图 6-5（b）]，同样可以采用前面的坐标变换方法建立局部坐标系中单元刚度矩阵与整体坐标系中单元刚度矩阵之间的关系。

在局部坐标中有三个自由度：u'、v'、w'，其中 $v' = w' = 0$。在整体坐标中有三个自由度：u、v、w。

杆单元轴线在整体坐标系中的方向余弦为

$$\cos\alpha = \frac{x_j - x_i}{L} \quad \cos\beta = \frac{y_j - y_i}{L} \quad \cos\gamma = \frac{z_j - z_i}{L}$$

则局部坐标与整体坐标之间的变换关系为

$$u'_i = u_i \cos\alpha + v_i \cos\beta + w_i \cos\gamma$$
$$u'_j = u_j \cos\alpha + v_j \cos\beta + w_j \cos\gamma$$

写成矩阵形式为

$$\begin{pmatrix} u'_i \\ u'_j \end{pmatrix} = \begin{pmatrix} \cos\alpha & \cos\beta & \cos\gamma & 0 & 0 & 0 \\ 0 & 0 & 0 & \cos\alpha & \cos\beta & \cos\gamma \end{pmatrix} \begin{pmatrix} u_i \\ v_i \\ w_i \\ u_j \\ v_j \\ w_j \end{pmatrix}$$

杆单元的坐标变换矩阵为

$$\boldsymbol{T} = \begin{pmatrix} \cos\alpha & \cos\beta & \cos\gamma & 0 & 0 & 0 \\ 0 & 0 & 0 & \cos\alpha & \cos\beta & \cos\gamma \end{pmatrix}$$

整体坐标中杆单元的刚度矩阵为

$$\boldsymbol{K} = \boldsymbol{T}^{\mathrm{T}} \boldsymbol{K}' \boldsymbol{T}$$

而 $\boldsymbol{K}' = \dfrac{EA}{L}\begin{pmatrix} 1 & -1 \\ -1 & 1 \end{pmatrix}$，所以

$$\boldsymbol{K} = \frac{EA}{L} \begin{bmatrix} \cos^2\alpha & \cos\alpha\cos\beta & \cos\alpha\cos\gamma & -\cos^2\alpha & -\cos\alpha\cos\beta & -\cos\alpha\cos\gamma \\ \cos\alpha\cos\beta & \cos^2\beta & \cos\beta\cos\gamma & -\cos\beta\cos\alpha & -\cos^2\beta & -\cos\beta\cos\gamma \\ \cos\alpha\cos\gamma & \cos\beta\cos\gamma & \cos^2\gamma & -\cos\alpha\cos\gamma & -\cos\beta\cos\gamma & -\cos^2\gamma \\ -\cos^2\alpha & -\cos\beta\cos\alpha & -\cos\alpha\cos\gamma & \cos^2\alpha & \cos\alpha\cos\beta & \cos\alpha\cos\gamma \\ -\cos\alpha\cos\beta & -\cos^2\beta & -\cos\beta\cos\gamma & \cos\alpha\cos\beta & \cos^2\beta & \cos\beta\cos\gamma \\ -\cos\alpha\cos\gamma & -\cos\beta\cos\gamma & -\cos^2\gamma & \cos\alpha\cos\gamma & \cos\beta\cos\gamma & \cos^2\gamma \end{bmatrix}$$

整体坐标中杆单元的力矩阵为

$$\boldsymbol{F} = \boldsymbol{T}^{\mathrm{T}} \boldsymbol{F}'$$

6.2.3 有限元法的前置处理

有限元法的前置处理包括：选择单元类型，划分单元确定各节点和
单元的编号及坐标，确定载荷类型、边界条件、材料性质等。有限元法分

析计算时,依据分析对象不同,采用的单元类型也不同。分析对象划分成什么样的单元,要根据结构本身的形状特点综合载荷约束等情况全面考虑而定,所选单元类型应能逼近实际受力状态。单元形状应能接近实际边界轮廓。

网格划分单元非常重要,有限元分析的精度取决于网格划分的密度。太密会大大增加计算时间,计算精度却不会成比例地提高,通常采取将网格在高应力区局部加密的办法。

6.2.4 有限元法的后置处理

有限元分析结束后,由于节点数目多,输出数据量非常庞大。如静态受力分析后节点的位移量、固有频率计算后的振型等。

如果靠人工分析这些数据,不仅工作量巨大,容易出错,而且很不直观。通常使用后置处理器自动处理分析结果,并根据操作者的要求形象化为变形图、应力等值线图、应力应变彩色浓淡图、矢量图及振型图等,直观显示载荷作用下零件的变形,零件各部分的应力、应变或温度场的分布等。

6.3 优化设计方法

在工程设计中,设计方案往往不是唯一的。从多个可行方案中寻找"尽可能好"或"最佳化"设计方案的工程称为优化设计。优化设计是从 20 世纪 60 年代初期发展起来的一门新的学科,也是一项新的设计技术,它是最优化技术和计算机技术在设计领域应用的结果。最优化技术是优化设计全过程中各种方法、技术的总称,它主要包含两部分内容:优化设计问题的建模技术和优化设计问题的求解技术。因此,优化设计可以形象地表示为

专业理论 + 数学规划理论 + 电子计算机

优化设计已成为企业在进行新产品设计时,追求具有良好性能、满

足生产工艺性要求、使用可靠安全、经济性能好等指标的有效方法。

优化设计是在一定的技术和物质条件下，寻求一个技术经济指标最佳的设计方案。如飞行器和宇航结构设计，满足性能的前提下要求重量最轻，空间运载工具的轨迹最优；连杆、凸轮、齿轮等机械零部件设计，实现功能的基础上结构最佳；机械加工工艺过程设计，限定设备条件下生产率最高等。

优化设计的发展伴随着对实际问题的解决，可以从以下几个方面窥视出优化设计的发展轨迹。

（1）线性最优化。

线性最优化又称线性规划，是运筹学中应用最广泛的一个分支，这是因为自然科学和社会科学中许多问题都可以近似地表示为线性规划问题。1947 年，Dantzig 提出的单纯形法以成熟的算法理论和完善的算法及软件统治线性规划达 30 多年。1979 年，苏联数学家 Khachiyan 提出了第一个理论上优于单纯形法的多项式时间算法——椭球法，掀起了线性规划研究的高潮。1984 年，Karmarkar 提出求解线性规划问题的新的多项式时间算法，使得求解效率和应用范围大大提高。

（2）非线性最优化。

在实际研究工作和生产实践中存在大量非线性最优化问题。把它们完全简化成线性问题来处理是不妥当的。非线性规划的一个重要理论是 1939 年 Karus 及 1951 年 Kuhn Tucker 最优化条件（KKT 条件）的建立，此后的 20 世纪 50 年代主要是对梯度法和牛顿法的研究。计算机的飞速发展使非线性规划的研究如虎添翼。内点法、有限存储法、信赖域法及稀疏拟牛顿法等方法已经广泛运用于工程领域。

（3）全局最优化。

科学计算和工程中的许多最优化问题都要求全局最优解。传统求解最优化问题的方法在计算机稳定点和局部最优解方面做得很好，但是多极值点问题又要求全局最优。确定性方法和随机法在求解此类问题发挥了作用。自从 20 世纪 70 年代中后期以来，全局优化以惊人的速度在许多方面取得了长足发展，许多新的全局优化理论及算法相继出现，例如遗传算法、模拟退火算法、人工神经网络算法等。

（4）多目标优化问题。

由于多目标问题的广泛存在性与求解的困难性,该问题一直是富有吸引力和挑战性的。研究多目标优化问题一直缺乏一种高效实用的求解方法,直到 20 世纪 90 年代,开始流行的演化算法为求解多目标优化问题提供了有力的工具,如多目标演化算法、多目标遗传算法、非劣分层遗传算法等。

6.3.1 优化设计数学模型的一般形式

工程设计的基本特征在于它的约束性、多解性和相对性。一项设计常常在一定的技术与物质条件下,要求取得一个技术经济指标最佳的方案。下面以简单的例子来说明优化设计的数学模型。

例 6-1 某设备制造公司生产打印机和扫描仪两种产品。生产每种产品所需的材料、工时、电能和可获得的利润见表 6-2。试确定两种产品每天的产量,以使每天所获得的利润最大。

表 6-2 生产条件与供给数据

产量	材料 /kg	工时 /h	电能 /（kW·h）	利润 / 元
打印机	10	30	40	600
扫描仪	15	100	50	1200
供应量	360	3000	2000	—

解：这是一个生产计划问题,可归结为既满足各项生产条件,又使每天所能获得的利润达到最大的优化设计问题。

设每天生产的打印机、扫描仪两种产品数量分别为 x_1、x_2,在生产能力（材料、工时和电能）限制条件下,使得 x_1 和 x_2 值达到最大利润目标。目标函数即利润函数,用 $f(x_1, x_2)$ 表示,于是这个优化问题的数学模型可以写成如下形式,即

$$f(x_1, x_2) = 600x_1 + 1200x_2$$

并演足约束条件

$10x_1 + 15x_2 \leqslant 360$（材料约束）

$30x_1 + 100x_2 \leqslant 3000$（工时约束）

$40x_1 + 50x_2 \le 2000$（电能约束）

$x_1 \ge 0$

$x_2 \ge 0$

这就是优化设计的数学模型，其中 $f(x_1, x_2)$ 代表设计目标，称为目标函数。后面的 5 个不等式代表 5 个生产条件，称为约束条件。其优化设计过程可以表述为：求一组设计变量 x_1 和 x_2。在满足上述约束条件下，使目标函数——公司的生产利润最大。

例 6-2　用薄钢板制造一体积为 5 m³ 的无盖货箱，要求长度不小于 3 m，宽度不大于 2 m。欲使耗板材最少，问应如何选取货箱的长 x_1、宽 x_2、高 x_3，如图 6-6 所示。试建立优化数学模型。

解：由分析可知，表面积

$$F(x) = F(x_1, x_2, x_3) = x_1x_2 + 2(x_1x_3 + x_2x_3) \to \min$$

限制条件：

$x_1 \ge 3$

$x_2 \le 2$

$x_1x_2x_3 = 5$

$x_2 > 0$

$x_3 > 0$

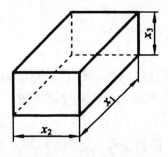

图 6-6　货箱优化问题

因此，可建立数学模型

目标函数：$\min\{F(x) = x_1x_2 + 2(x_1x_3 + x_2x_3)\}$

设计变量：$\boldsymbol{x} = [x_1 \quad x_2 \quad x_3]^T \in D \subset R^3$

约束条件：

$g_1(x) = x_1 - 3 \ge 0$

$g_2(x)=x_2\text{-}3 \geqslant 0$

$g_3(x)=x_3\text{-}3 > 0$

$g_4(x)=x_3 > 0$

$h(x)=x_1x_2x_3\text{-}5=0$

由以上例题可见,优化设计首先要把设计问题转化为优化设计的数学模型,该数学模型一般由设计变量、目标函数和约束条件 3 个要素构成。

6.3.1.1 设计变量

设计中,常用一组对设计性能指标有影响的基本参数表示某个设计方案。有些基本参数可以根据工艺、安装和使用要求预先确定,另一些则需要在设计过程中进行选择。需要在设计过程中进行选择的基本参数被称为设计变量。机械设计常用的设计变量有几何外形尺寸(如长、宽、高等)、材料性质、速度、加速度、效率、温度等。

设计变量是一组数,构成了一个数组,这个数组在最优化设计中被看成一个向量。设有 n 个设计变量 x_1, x_2, $\cdots$, xn,将它们看成某一向量 x 沿 n 个坐标轴的分量,若用矩阵来表示,有

$$x = \begin{bmatrix} x_1 \\ x_2 \\ \vdots \\ x_n \end{bmatrix} = \begin{bmatrix} x_1 & x_2 & \cdots & x_n \end{bmatrix}^{\mathrm{T}}$$

这种以 n 个设计变量为坐标轴组成的实空间称为 n 维实空间,用 R_n 表示。这样,具有 n 个分量的一个设计变量对应着 n 维设计空间中的一个设计点,它代表具有 n 个设计变量中的一个设计方案。

当 $n=2$ 时,设计空间是以 x_1 和 x_2 为坐标轴的平面,平面上任一点的坐标(x_1, x_2)均对应着一个二维设计变量 $x=[x_1 、 x_2]^{\mathrm{T}}$;当 $n=3$ 时,即由 3 个设计变量 x_1, x_2 和 x_3 组成一个三维空间,空间中任意一点的坐标(x_1, x_2, x_3)均对应一个三维设计变量 $x=[x_1 、 x_2 、 x_3]^{\mathrm{T}}$,如图 6-7 所示;当 $n>3$ 时,由 n 个分量 x_1, x_2, $\cdots$, x_n 组成 n 维实空间。设计空间是所有设计方案的集合,n 维实空间用集合概念表示为

$$x \in \mathbf{R}^n$$

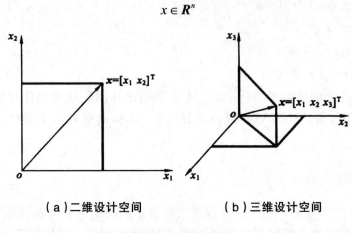

（a）二维设计空间 （b）三维设计空间

图 6-7 设计空间

6.3.1.2 目标函数

根据特定目标建立起来、以设计变量为自变量的可计算函数称目标函数。它是设计方案评价标准，也称评价函数。优化设计的过程实际上是寻求目标函数最小值或最大值的过程，如质量最轻、体积最小。因为求目标函数的最大值可转换为求负的最小值，故目标函数统一描述为

$$F(\mathbf{X}) = F(x_1, x_2, x_3) \to \min$$

目标函数与设计变量之间的关系可以用几何图形（见图 6-8）形象地表示。

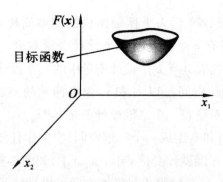

目标函数

图 6-8 目标函数与设计变量关系图

单变量时，目标函数是二维平面上的一条曲线；双变量时，目标函数是三维空间的一个曲面，曲面上具有相同目标函数值的点构成了曲

线,该曲线称为等值线(或等高线)。若有 n 个设计变量,目标函数是 $n+1$ 维空间中的超曲面,难以用平面图形表示。

要知道一个目标函数的最优点在设计空间中所处的位置,就需要了解目标函数的变化规律。对于简单的问题,等值曲线或等值面不仅可以直观地描述函数的变化趋势,而且还可以直观地给出极值点的位置。

6.3.1.3 约束条件

设计空间是所有设计方案的集合,设计空间内每一个点都代表一个设计方案,但实际上这些设计方案并不都在工程实际中可行。因为优化设计中的设计变量 $x_i(i=1,2\cdots,n)$ 的值不能任意选取,一般总要受某些条件的限制,这些限制条件就是设计的约束条件。每个约束条件用设计变量或它的函数表示,故又称为约束函数,即设计约束。它的表现形式有两种,一种是不等式约束,即

$$g_i(x) \leqslant 0$$

或

$$g_i(x) \geqslant 0, i=1,2\cdots,m$$

另一种是等式约束,即

$$h_j(x) = 0, \ j=1,2,\cdots,p < n$$

式中,$g_i(x)$、$h_j(x)$ 为设计变量的函数,统称为约束函数;m、p 分别表示不等式约束、等式约束的个数,而且等式约束的个数 p 必须小于设计变量的个数 n。

6.3.2 优化问题的几何描述

优化设计数学模型包含着设计变量、目标函数及约束条件等内容,通过对优化数学模型求解而取得最优解,即最优设计方案。为了说明优化问题的一些概念,用一个二维优化问题画出几何图形进行解释会更为具体形象。

图 6-9 所示的曲线为地形等高线,它表示地形高低变化情况和最高点与最低点在地面上的位置。类似地,设有二维目标函数 $F(x)=F(x_1, x_2)$,这个二元函数在 x_1x_2F 三维空间中通常是一个曲面,如图 6-10(a)

所示，每一设计点 $x = \begin{bmatrix} x_1 & x_2 \end{bmatrix}^{\mathrm{T}}$ 对应一个（或多个）函数值 F。如取函数值为一系列的常数 C_1，C_2，⋯则对应一系列平面曲线方程

$$F_i(x) = F_i(x_1, x_2) = C_i \ (i=1, 2, \cdots)$$

每条曲线上各点的函数值都是相等的，其值分别为 C_1，C_2，⋯，如图 6-10（b）所示，这些曲线称为等值线。其函数值为 C_1，C_2，⋯的一系列等值线称为等值线簇。

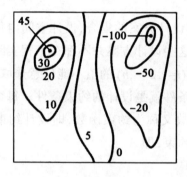

图 6-9　等高线

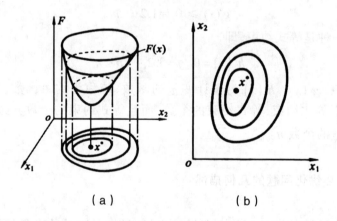

（a）　　　　　　　　　　　（b）

图 6-10　二维等值线

设 n 维目标函数 $F(x) = F(x_1, x_2, \cdots, x_n)$，在 n 维设计空间的任一点 x 有确定的函数值 F；反之，对于某一确定的函数值将有若干个设计点 $x_i(i=1,2\cdots,n)$ 与之对应，如果是连续问题，将有无限多个确定的设计点对应同一个函数值，则这些设计点在设计空间中构成的点集称为等值面（三维空间）、超等值面（四维及以上）。超等值面无法用图形表示。

如果等值线簇有心，且函数值由外向内减小，如图 6-11（a）、图 6-11

（b）所示，等值线簇的中心就是局部极小点；对于无心的等值线簇，其极小点不存在，或称在无穷远处，如图 6-12 所示。

下面来说明优化问题的几何描述。设有二维不等式约束优化问题数学模型为

$$\min F(x) = x_1^2 + x_2^2 - 4x_1 + 4$$

$$X = \begin{bmatrix} x_1 & x_2 \end{bmatrix}^{\mathrm{T}} \in D \subset R^2$$

$$D: g_1(x) = x_1 - x_2 + 2 \geqslant 0$$

$$g_2(x) = x_1^2 + x_2 - 1 \geqslant 0$$

$$g_3(x) = x_1 \geqslant 0$$

$$g_4(x) = x_2 \geqslant 0$$

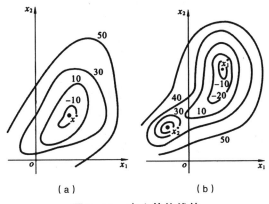

（a）　　　　　　　（b）

图 6-11　有心等值线簇

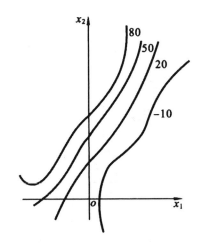

图 6-12　无心等值线簇

图 6-13（a）所示为在 $x_1 x_2 F$ 空间中，表示出目标函数 $F(x)$ 空间曲面的立体图形和约束函数 $g_1(x)$、$g_2(x)$、$g_3(x)$ 的三个柱面，以及这些柱面之间的相互关系。图 6-13（b）所示为设计变量组成的二维平面 $x_1 o x_2$，由 $g_1(x)$、$g_2(x)$、$g_3(x)$ 所包围的封闭区域为可行域，以外为非可行域。以 x_i 为中心用点画线画出的圆簇为等值线，在每一条等值线上的目标函数值都是相等的，分别为 F_1、F_2、F_3、$\cdots$。如果本问题设计变量的取值不受限制，即求解无约束优化问题，则最优点为等值线中心 $x_1^* = \begin{bmatrix} 2 & 0 \end{bmatrix}^T$，对应的最优函数值 $F(x_1^*) = 0$；对于约束优化问题的最优设计点，是在可行域内（包括边界在内）寻求目标函数值最小的点，由图 6-13（b）可见，该点就是约束边界与目标函数等值线的切点，即图 6-13（b）中的 x_2^* 点，通过计算可知该点的坐标 $x_2^* = \begin{bmatrix} 0.58 & 1.35 \end{bmatrix}^T$，对应的目标函数值 $F(x_2^*) = 3.80$。

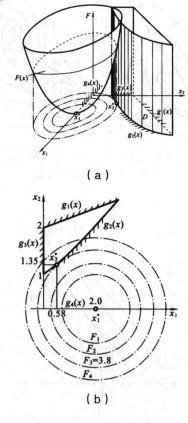

（a）

（b）

图 6-13　优化问题的几何描述

若只取约束函数的等式部分,则相应的约束方程在 x_1ox_2 平面上所画出一些曲线,称为约束曲线,即可行域的边界。本问题共有四个不等式约束,即 $g_1(x)$、$g_2(x)$、$g_3(x)$、$g_4(x)$,从图 6-13(b)中可见,可行域 D 只由 $g_1(x)$、$g_2(x)$、$g_3(x)$ 三个约束条件即可构成,凡满足这 3 个约束条件的设计点必满足第 4 个约束条件 $g_4(x)$,称约束条件 $g_4(x)$ 为消极约束,即在设计中消极约束的作用已被其他约束条件的作用所覆盖,所以可以不必考虑。但当问题复杂时,欲首先提出约束条件中的消极约束往往是很困难的。因此,在设计中通常是无遗漏地列出全部约束条件,而不必特意剔除消极约束来对问题进行求解。

如果在约束条件中包含有等式约束 $h(x)=0$,则在不等式约束所限定的可行域内又给设计变量 X 带来特殊的限制。在二维问题中,等式约束体现为 x_1ox_2 平面内的一条曲线,它是可行设计点的集合,所以当存在等式约束时,可行域将大为缩减,或者可以认为是对可行域空间的一种降维。

6.3.3 优化设计一般过程

利用优化设计方法解决机械优化设计问题的一般步骤如图 6-14 所示。

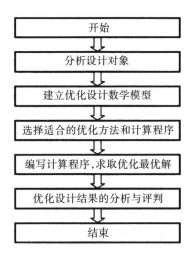

图 6-14　优化设计的一般过程

（1）在优化设计前,要全面细致地分析优化对象,明确优化设计要求,合理确定优化的范围和目标,以保证所提出的问题能够通过优化设计来实现。对众多的设计要求分清主次,抓住主要矛盾,可忽略一些对设计目标影响不大的因素。以免模型过于复杂,求解困难,不能达到优化目的。除此之外,优化设计与传统设计方法有本质的差异,针对不同的产品应有与之相适应的优化设计。

（2）解决优化设计的关键是建立正确的数学模型。为此要正确地选择设计变量、目标函数和约束条件,同时要求建立的数学模型容易处理和求解。当优化设计数学模型建立之后,还应注意数学模型的规格化问题。包括数学表达式的规格化和参数变量的规格化。

（3）目前,优化设计技术已经较为成熟,有很多现成的优化算法。选择何种优化方法和计算程序的主要依据是数学模型的特征。尽量选用解题成功率高、占用机时少、人工准备工作量小的方法。

（4）优化设计一般应尽量选用现有的优化程序,设计者只需要按规定格式编写目标函数和约束函数子程序,这对优化设计的应用与推广无疑是十分有利的。

6.4 可靠性设计方法

"可靠性技术是阿波罗（登月）计划成功之关键",美国航空航天局（NASA）将可靠性工程列为三大技术成就之一。可靠性技术的目的是在设计阶段预测和预防所有可能发生的故障和隐患,防患于未然。

6.4.1 可靠性设计的理论基础——概率统计学

在产品的运行过程中,总会发生各种各样的偶然事件（故障）。概率论就是一门研究偶然事件中必然规律的学科,这种规律一般反映在随机变量与随机变量发生的可能性（概率）之间的关系上。用来描述这种关系的数学模型很多,如正态模型、指数模型、威布尔模型等,其中最典型

的是正态模型

$$f(t) = \frac{1}{2.506\,628\sigma} e^{\left[-\frac{1}{2}\left(\frac{t-u}{\sigma}\right)^2\right]}$$

式中，t 为随机变量，u 为平均值，σ 为标准值。

上述数学模型称为随机变量的概率密度函数，它表示变量 t 发生概率的密集程度的变化规律。随机变量在某点以前发生的概率可按下式计算

$$F(t) = \int_{-\infty}^{t} f(t)\mathrm{d}t$$

$F(t)$ 称为随机变量 t 的分布函数或称积分分布函数。对于时间型随机变量而言，它反映了故障发生可能性的大小，它的值是在 $[0,1]$ 之间的某个数。

6.4.2 可靠性指标

可靠性的技术基础范围广泛，大致分为定性和定量方法。定量方法：根据故障（失效）的概率分布，定量地设计、实验、控制和管理产品的可靠性。定性方法以经验为主，也就是把过去积累的处理失效的经验设计到产品中，使它具有免故障的能力。定性和定量方法相辅相成。常用可靠性指标有可靠度、可靠寿命、累积失效概率、平均寿命、失效率、失效率曲线。

6.4.2.1 可靠度

可靠度是产品在规定条件和规定时间内完成规定功能的概率，常记为 R。它是关于时间的函数，也记为 $R(t)$，称为可靠度函数（见图 6-15）。用随机变量 T 表示产品从开始工作到发生失效或故障的时间，其概率密度为 $f(t)$，若用 t 表示某一指定时刻，则该产品在该时刻的可靠度为

$$R(t) = P(T > t) = \int_{t}^{\infty} f(t)\mathrm{d}t$$

不可修复的产品，可靠度的观测值是指直到规定的时间区间终了为止能完成规定功能的产品数与在该区间开始时投入工作的产品数之比，即

$$\hat{R}(t) = \frac{N_S(t)}{N} = 1 - \frac{N_F(t)}{N}$$

式中, N 为开始投入工作的产品数; $N_S(t)$ 为到 t 时刻完成规定功能的产品数, 即残存数; $N_F(t)$ 为到 t 时刻未完成规定功能的产品数, 即失效数。

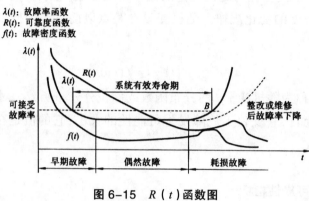

图 6-15　$R(t)$ 函数图

6.4.2.2 可靠寿命

可靠寿命是给定的可靠度所对应的时间, 一般记为 $t(R)$。可靠寿命的观测值是能完成规定功能的产品的比例恰好等于给定可靠度时所对应的时间, 一般可靠度随着工作时间的增大而下降。如图 6-16 所示。

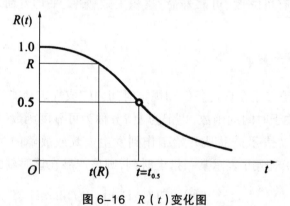

图 6-16　$R(t)$ 变化图

给定不同的 R, 有不同的 $t(R)$, 即 $t(R)=R^{-1}(t)$, 式中 R^{-1} 是 R 的反函数, 即由 $R(t)=R$ 反求 t。

6.4.2.3 累积失效概率

累积失效概率是产品在规定条件下和规定时间内未完成规定功能（即发生失效）的概率，也称为不可靠度，常记为 F 或 $F(t)$。完成规定功能与未完成规定功能是对立事件，按概率互补定理可得

$$F(t) = 1 - R(t)$$

$$F(t) = P(T \leq t) = \int_{-\infty}^{t} f(t)\mathrm{d}t$$

对于不可修复产品和可修复产品，累积失效概率的观测值都可按概率互补定理取

$$F(t) = 1 - R(t)$$

6.4.2.4 平均寿命

平均寿命是寿命的平均值，不可修复产品常用失效前平均时间，一般记为 MTTP。可修复产品则常用平均无故障工作时间，一般记为 MTBF。它们都表示无故障工作时间 T 的期望 $E(T)$，或简记为 $\overline{t}$。如已知 T 的概率密度函数 $f(t)$，则

$$\overline{t} = E(T) = \int_{0}^{\infty} tf(t)\mathrm{d}t$$

分部积分后可求得

$$\overline{t} = \int_{0}^{\infty} R(t)\mathrm{d}t$$

6.4.2.5 失效率

失效率是工作到某时刻尚未失效的产品，在该时刻后单位时间内发生失效的概率，一般记为 λ，因是时间 t 的函数，也记为 $\lambda(t)$，称为失效率函数，也称为故障率函数或风险函数。

按上述定义，失效率是在时刻 t 尚未失效的产品在 $t+\Delta t$ 的单位时间内发生失效的条件概率，即

$$\lambda(t) = \lim_{\Delta t \to 0} \frac{1}{\Delta t} P(t < T \leq t + \Delta t \,|\, T > t)$$

它反映 t 时刻失效的速率，也称瞬时失效率。

失效率的观测值是在某时刻后单位时间内失效的产品数与工作到

该时刻尚未失效的产品数之比,即

$$\hat{\lambda}(t) = \frac{\Delta N_F(t)}{N_S(t)\Delta t}$$

6.4.2.6 失效率曲线

失效率(或故障率)曲线反映了产品总体整个寿命期失效率的情况。失效率曲线有时形象地称为浴盆曲线,如图 6-17 所示。

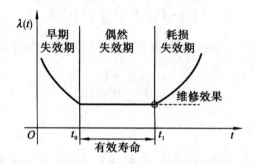

图 6-17　失效率曲线

失效率随时间变化分为:

(1)早期失效期:递减型。

由于设计、制造储存、运输等形成的缺陷,以及调试、跑合、启动不当等人为因素,产品投入使用的早期,失效率较高而下降很快。

(2)偶然失效期:恒定型。

主要由非预期的过载、误操作、意外的天灾等造成,失效原因多属偶然故称为偶然失效期。偶然失效期是能有效工作的时期,这段时间称为有效寿命。为降低偶然失效期的失效率而增长有效寿命,应注意提高产品的质量,精心使用维护。

(3)耗损失效期:递增型。

由产品已经老化、疲劳、磨损、蠕变、腐蚀等所谓有耗损的原因所引起,故称为耗损失效期。对耗损失效期,应该注意检查、监控、预测耗损开始的时间,提前维修,使失效率仍不上升。

6.4.3 可靠性技术

研究机械结构的可靠性问题就是机械概率可靠性设计,根据概率论和统计学理论基础的可靠性设计方法比常规的安全系数法更合理。可靠性分析中的重要手段有 FMEA 和 FTA。

FMEA（失效模式影响分析）：从零部件故障模式入手分析，评定它对整机或系统发生故障的影响程度，以此确定关键的零件和故障模式。

FTA（故障树分析）：从整机或系统故障开始，逐步分析到基本零件的失效原因。

这两种方法收集总结了该种产品所有可能预料到的故障模式和原因设计者可以较直观地看到设计中存在的问题。

可靠性分析在国外被看作与设计图纸一样重要，作为设计的技术标准资料。

可靠度常用分析软件有：① Weibull++ ：可靠度资料分析软件。② ALTA：加速可靠度测试资料分析软件。③ BlockSim：可靠度方块图模拟分析软件。④ RGA：可靠度增长分析软件。⑤ Xfmea：失效模式效应分析软件。⑥ PRISM：可靠度预估软件。

6.5 仿真技术

随着科学技术的进步，尤其是信息技术和计算机技术的发展，"仿真"的概念不断发展和完善。通俗的仿真基本含义是指：模仿真实的系统或过程，意指通过使用模型来模拟和分析现实世界中系统的行为，以寻求真实系统或过程的认识。

模型是对现实系统有关结构信息和行为的某种形式的描述。是对系统的特征与变化规律的一种定量抽象，是人们认识事物的一种手段或工具。仿真的过程是基于从实际系统或过程中抽象出来的仿真模型，设计一个实际系统的模型。对它进行实验，以便理解和评价系统的各种运行策略。

这里的模型是指广义的模型，包含物理模型（物理实体或视图等）、概念模型（框图、特殊规定的图）、分析模型（数学模型、模拟模型等）、知识模型、信息模型等。显然，根据模型的不同，有不同方式的仿真方法。

从仿真实现的角度来看,模型特性可以分为连续系统和离散事件系统两大类。由于这两类系统的运动规律差异很大,描述其运动规律的模型也有很多不同,因此相应的仿真方法不同,分别对应为连续系统仿真和离散事件系统仿真。

6.5.1 仿真的分类

除了可按模型的特性分为连续系统仿真和离散事件系统仿真类型外,还可以从不同的角度对系统仿真进行分类。比较典型的分类方法如下。

6.5.1.1 根据模型的种类分类

(1)物理仿真。

物理仿真是指运用几何相似、环境相似的条件,构成物理模型进行仿真。其主要原因可能是由于原物理系统昂贵,或者是无法实现的物理场,或者是原物理系统的复杂性难以用数学模型描述的,如电力系统仿真、风洞试验等。

(2)数字仿真。

运用性能相似原则,即将物理系统全部用数学模型来描述,并把数学模型变换为仿真模型,在计算机上进行实验研究。

(3)半实物仿真。

在全部仿真系统中,一部分是实际物理系统或以实际等价的物理场,另一部分是安装在计算机里的数学模型。将数学模型、实体模型、相似物理场组合在一起进行仿真。这类仿真技术又称为硬件在回路中的仿真。

6.5.1.2 根据仿真时钟与实际时钟的比例关系分类

(1)实时仿真。

仿真时钟(仿真时模型采用的时钟)与实际时钟(实际动态系统的时间基准)完全一致,常用于训练仿真器,称为在线仿真。

(2)欠时仿真。

仿真时钟慢于实际时钟,即模型仿真的速度慢于时间系统运行的速度,常用于离线分析,称为离线仿真。

（3）超实时仿真。

仿真时钟快于实际时钟,如大气环流仿真、交通系统仿真等。

6.5.1.3 根据模型的特性分类

（1）连续系统仿真。

连续系统仿真是指对物理系统状态随时间连续变化的系统进行的仿真,一般可以使用常微分方程或偏微分方程组描述。如对飞机在运行中状态变化进行的仿真。

（2）离散事件系统仿真。

离散事件系统仿真是指对物理系统的状态在某些随机时间点上发生离散变化的系统进行的仿真,如对订票系统、库存系统、交通控制系统进行的仿真等。

6.5.2 计算机仿真的工作流程

仿真的过程是基于从实际系统或过程中抽象出来的仿真模型,仿真及对应的模型种类都有很多种分类,但仿真的基本思想还是相同的,即通过模型来模仿真实的系统或过程。下面以广泛使用的计算机仿真为例来介绍仿真的基本要素和基本流程。

6.5.2.1 计算机仿真的三要素

计算机仿真的三要素及它们之间的关系如图 6-18 所示。

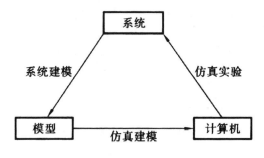

图 6-18　仿真三要素之间的关系

• 系统：研究的对象。

· 模型：系统的抽象。

· 计算机：工具与手段。

联系三者的三个基本活动描述如下。

（1）系统建模。即建立系统的数学模型。通常根据系统实验知识、仿真目的和试验资料来确定系统数学模型的框架、结构和参数。

（2）仿真建模。根据数学模型的形式、计算机的类型和仿真的目的，将数学模型转变成仿真模型，建立仿真试验框架，应进行模型变化正确性校核。

（3）仿真试验。仿真目的．选择并输入仿真过程所需要的全部数据，在计算机上运行仿真程序，进行仿真试验以获得试验数据，并动态显示仿真结果。

6.5.2.2 仿真的工作流程

计算机仿真的一般流程如图 6-19 所示，它包含以下步骤。

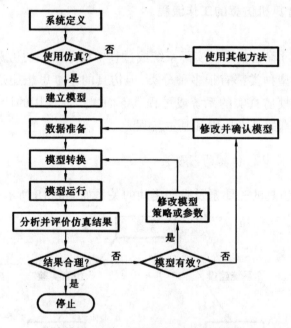

图 6-19　计算机仿真的一般流程

步骤 1 系统定义。求解问题前，先要提出明确的准则来描述系统目标及是否达到衡量标准，其次必须描述系统的约束条件，再确定研究范围。

步骤 2 建立模型。抽象真实系统并规范化,确定模型要素、变量、参数及其关系。表达约束条件要求以研究目标为出发点。模型性质尽量接近原系统,尽可能简化,易于理解、操作和控制。

步骤 3 数据准备。收集数据,决定使用方式,对数据进行完整性、有效性检验,用来确定模型参数。

步骤 4 模型转换。用计算机语言(高级语言或专用仿真语言)描述数学模型。

步骤 5 模型运行。获取被研究系统的信息,预测系统运行情况。这个过程一般是动态过程,常需要反复运行,以获得足够的实验数据。

步骤 6 分析并评价仿真结果。仿真技术包括了某些主观的方法,如抽象化、直观感觉和设想等,在提交仿真报告前,应全面分析和论证仿真结果,并根据模型的有效性来决定是否需要修改模型策略或参数,以及是否需要修改模型,直至得到合适的结果为止。

6.5.3 仿真技术的应用

6.5.3.1 仿真技术的应用与发展

仿真技术是分析、综合各类系统的一种有力工具和手段。它目前已应用于几乎所有的科学技术领域,其中发展较快的几个方面的应用如下。

(1)仿真技术在系统分析、综合方面的应用。

在工程系统方面,包括航空航天、电力、石油、化工、冶金核电工业等行业,仿真技术都得到广泛应用。例如,在设计开始阶段,利用仿真技术论证方案,进行经济指标比较,优选合理方案。在设计阶段,系统仿真技术可帮助设计人员优选系统合理结构,优化系统参数,以期获得系统最优品质和性能;在调试阶段,利用仿真技术分析系统响应与参数关系,指导调试工作,可以迅速完成调试任务;对已经运行的系统,利用仿真技术可以在不影响生产的条件下分析系统的工作状态,预防事故发生,寻求可改进的薄弱环节,以提高系统性能和运行效率。

在非工程系统方面,对经济、金融、交通、能源、生态、环境等方面的大系统分析也都可应用仿真技术。例如,用仿真技术可以建立商品生产和公司经营与市场预测模型,可以辅助公司做出决策;对人口方面的分析也可应用仿真预估今后人口发展的合理结构，制定人口政策；仿真技术对城市的工业化速度、环境污染、发展模式等问题的研究也日益发挥其显著作用。

（2）仿真技术在仿真器方面的应用。

系统仿真器是模仿真实系统的实验研究装置，它包括计算机硬件、软件及模仿对象的某些类似实物所组成的一个仿真系统。例如，飞行员培训仿真器可以训练飞行员在事故状态飞行排除故障的技能，这样可以提高飞行员飞行技术。仿真技术在仿真器方面的应用将会带来明显的技术和经济效益。

（3）仿真技术在技术咨询和预测方面的应用。

根据系统的数学模型，利用仿真技术输入相应数据，经过运算后即可输出结果，这种技术目前用在很多方面。例如，专家系统，技术咨询和预测、预报方面。我国目前研究比较多的是中医诊断系统，它将医疗经验丰富、诊脉医术准确的医生的知识和经验进行总结，加以规律化后编出程序，存入计算机，在临床诊断时起到专家的作用；农业育种专家系统自动计算选择杂交的亲本，预测杂交后代的性状，给出生产杂交第二代、第三代的配种方案，起到咨询的作用；利用地震监测仿真系统根据监测数据预报地震灾害；森林火警预报仿真系统能根据当地气温、风向、湿度等条件预报火警。

6.5.3.2 仿真技术在 CAD/CAE 系统中的应用

仿真技术已经成为 CAD/CAE 的重要工具之一，它在 CAD/CAE 系统中的应用主要表现在以下几个方面。

（1）产品形态仿真，如产品的结构形状、外观等属性的构建。

（2）装配关系仿真，如零部件之间装配关系与干涉检查等。

（3）运动学仿真，如模拟机构的运动过程，包括运动轨迹、速度和加速变化等。

（4）动力学仿真，分析计算系统在质量特性和力学特性作用下运动和力的动态特性。

（5）工艺过程仿真，如模拟零件从毛坯到成品的金属去除过程，以检验工艺路线的合理性、可行性、正确性。

（6）加工过程仿真，如模拟数控加工自动编程后的刀具运动轨迹，工件被加工表面的形成等。

一些脆性材料(如玻璃)是日常生活用品的常用材料,它们的缺点之一是冲击强度不高,通过优化设计,提高强度,减小质量,是现代脆性材料的研究方向之一。脆性材料破损的直接原因有内压、热冲击和多种形式的机械冲击等,跌落冲击是最常见的致损因素。利用有限元分析软件 ANSYS 即可对脆性材料进行多工况的跌落冲击和应力仿真计算,可获得产品的应力规律。计算机仿真技术在产品的强度分析与结构优化设计提供了良好的支持。

随着各领域技术尤其是计算机技术的不断发展,仿真技术将会得到进一步的广泛应用,在缩短产品研发周期、改进生产过程、降低成本、辅助决策及安全预测等方面发挥越来越大的作用。

第 7 章

CAE 系统的应用

CAE 系统的核心思想是结构的离散化,它将实际结构离散为有限数量的、规则的单元,通过对得到的离散体进行分析,得出满足工程精度的近似结果,来替代对实际结构的分析,这样可以解决很多实际工程中只能理论分析、但无法求解的复杂问题。

7.1 ANSYS 系统简介

今天的 ANSYS 软件更加完善,功能更加强大,使用更加便捷。其中 ANSYS Workbench Environment(AWE)作为新一代多物理场协同 CAE 仿真环境,其独特的产品构架和众多支撑性产品模块为产品整机、多物理场耦合提供了非常优秀的解决方案。它包含三个主要模块,即几何建模模块(design modeler)、有限元分析模块(design simulation)和优化设计模块(design xplorer),将设计、仿真、优化集成于一体,可便于设计人员随时进入不同功能模块,并且双向参数可互相调用。

ANSYS 的主要功能如下。

(1)结构分析。结构分析是有限元分析方法最常用的一个功能。ANSYS 能够完成的结构分析有结构静力学分析,结构非线性分析,结构动力学分析,隐式、显式及显式—隐式—显式耦合求解。

（2）热分析。热分析用于计算一个系统的温度等热物理量的分布及变化情况。ANSYS 能够完成的热分析有稳态温度场分析、瞬态温度场分析、相变分析、辐射分析。

（3）流体动力学分析。ANSYS 程序的 FLOTRAN CFD 分析功能能够进行二维及三维的流体瞬态和稳态动力学分析。ANSYS 能够完成的流体动力学分析有层流、紊流分析,自由对流与强迫对流分析,可压缩流 / 不可压缩流分析,亚音速、跨音速、超音速流动分析,多组分流动分析,移动壁面及自由界面分析,牛顿流体与非牛顿流体分析,内流和外流分析,分布阻尼和 FAN 模型,热辐射边界条件,管流。

（4）电磁场分析。ANSYS 程序能分析电感、电容、涡流、电场分布、磁力线及能量损失等电磁场问题,也可用于螺线管、发电机、变换器、电解槽等装置的设计与分析。ANSYS 能够完成的电磁场分析有 3D、4D 及轴对称静磁场分析 3D、4D 及轴对称时变磁场、交流磁场分析,静电场、AC 电场分析。

（5）声学分析。ANSYS 程序能进行声波在含流体介质中传播的研究,也能分析浸泡在流体中固体结构的动态特性。ANSYS 能够完成的声学分析有声波在容器内流体介质中的传播、声波在固体介质中的传播、水下结构的动力分析、无限表面吸收单元。

（6）压电分析。ANSYS 软件能分析二维或三维结构对 AC、DC 或任意随时间变化的电流或机械荷载的响应。ANSYS 能够完成的压电分析有稳态分析,瞬态分析,谐响应分析,瞬态响应分析,交流、直流、时变电荷载或机械荷载分析。

（7）多耦合场分析。多耦合场分析就是考虑两个或多个物理场之间的相互作用。ANSYS 统一数据库及多物理场分析并存的特点保证了其能够方便地进行耦合场分析,可以分析的耦合类型有热—应力,磁—热、磁—结构,流体—热,流体—结构,热—电,电—磁—热—流体—应力。

（8）优化设计。ANSYS Workbench 优化的工具箱称为 Design Exploration,它是功能强大、方便使用的多目标优化稳健性设计模块。它包括 4 个组件,分别是 Goal Driven Optimization 目标驱动优化、Parameter Correlation 参数关联、Response Surface 响应面和 Six Sigma

Analysis 六西格玛分析。它的主要特点：可以研究分析各种类型的系统；支持不同 CAD 系统的参数化；利用目标驱动优化创建一组最佳设计点，并观察输入参数与优化目标的关系。

（9）协同的多物理场分析环境及行业化定制功能。CAE 技术涵盖了计算结构力学、计算流体力学、计算电磁学等诸多学科专业，而航空产品的设计针对这几个学科专业都有强烈的 CAE 需求。单个 CAE 软件通常只能解决某个学科专业的问题，导致使用者需要购买一系列由不同公司开发的、具有不同应用领域的软件，并将其组合起来解决其实际工程问题，这不但增加了软件投资，而且很多问题会由于不同软件间无法有效而准确地传递数据，导致根本不能实现真正的耦合仿真计算。目前，AWE 软件使真正的"多物理场耦合分析"成为可能。

7.2　模型的建立

7.2.1 实体模型及有限元模型

现今几乎所有的有限元分析模型都用实体模型建模。类似于 CAD、ANSYS 以数学的方式表达结构的几何形状，用于在里面填充节点和单元，还可以在几何模型边界上方便地施加荷载。但是，几何实体模型并不参与有限元分析。所有施加在几何实体边界上的荷载或约束必须最终传递到有限元模型（节点或单元）上进行求解。

（1）自底向上法（Bottom-up Method）由建立最低单元的点到最高单元的体积，即建立点，再由点连成线，然后由线组合成面积，最后由面积组合建立体积。

（2）自顶向下法（Top-down Method）与布尔运算命令一起使用此方法直接建立较高单元对象，其所对应的较低单元对象将一起产生，对象单元高低顺序依次为体积、面积、线段及点。所谓布尔运算为对象相互加、减、组合等。

（3）混合使用前两种方法。依照个人经验，可结合前两种方法综合运用，但应考虑要获得什么样的有限元模型。

7.2.1.1 点定义

实体模型建立时,点是最小的单元对象,为机械结构中一个点的坐标,点与点连接成线也可直接组合成面积及体积。点的建立按实体模型的需要而设定,但有时会建立些辅助点以帮助其他命令的执行,如圆弧的建立。

建立关键点(Keypoint)坐标位置 (X,Y,Z) 及点的号码 NPT 时,号码的安排不影响实体模型的建立,点的建立也不一定要连号,但为了数据管理方便,定义点之前先规划好点的号码,有利于实体模型的建立。在圆柱坐标系下, X 、 Y 、 Z 对应于 R 、 θ 、 Z ,球面坐标下对应着 R 、 θ 、 Φ 。

Menu Paths:Main Menu>Preprocessor>Create>Key Point>in Active Cs

Menu Paths:Main Menu > Preprocessor>Create> Key Point > on Working Plane

7.2.1.2 面积定义

实体模型建立时,面积为体积的边界,由线连接而成,面积的建立可由点直接相接或线段围接而成,并构成不同数目边的面积。

以点围成面积时,点必须以顺时针或逆时针顺序输入,面积的法向按点的输入顺序依右手定则确定。

此命令用已知的一组点(P1 ~ P9)来定义面积(Area),最少使用三个点才能围成面积,同时产生围成面积的线段。点要依次输入,输入的顺序会决定面积的法线方向。如果此面积超过了四个点,那么这些点必须在同一个平面上。

7.2.1.3 体积定义

体积为对象的最高单元,最简单的体积定义是由点或面积组合而成的。由点组合时,最多由八点形成六面体,八点顺序为相应面顺时针或逆时针皆可,其所属的面积、线段自动产生。

"V,P1,P2,P3,P4,P5,P6,P7,P8"此命令由已知的一组点(P1~P8)定义体积(Volume),同时也产生相对应的面积及线。点的输入必须依连续的顺序,以八点面为例,连接的原则以对应面相同方向为顺序,对于四点角锥、六点角柱的建立都适用。

7.2.2 布尔运算

7.2.2.1 ADD 加运算

ADD 加运算是由多个几何图素生成一个几何图素,而且该图素是一个整体即没有"接缝"(内部的低级图素被删除),当然带孔的面或体同样可以进行加运算。加运算仅限于同级几何图素,而且相交部分最好与母体同级,但在低于母体一级时也可作加运算。若体与体相加,其相交部分如为体或面,则加运算后为一个体;如相交部分为线,则运算后不能生成一个体,但可共用相交的线;如相交部分为关键点,加运算后同样共用关键点,但体不是一个,不能作完全的加运算。

如面与面相加,其相交部分如果为面或线,则可完成加运算,如图5-3 所示。如果相交部分为关键点,则可能生成的图素会有异常,当然一般情况下不会出现这种加运算。加运算完成后,输入图素的处理采用BOPTN 的设置。如采用缺省设置,则输入图素被删除。

7.2.2.2 Subtract 减运算

Subtract 减运算就是"删除"母体中一个或多个与子体重合的图素。与加运算不同的是减运算可在不同级的图素间进行,但相交部分最多与母体相差一级;例如体体减运算时,其相交部分不能为线,为面或体均可完成运算。减运算结果的最高图素与母体图素相同。

减运算完成后,输入图素的处理可采用 BOPTN 的设置,如采用缺省设置,则输入图素被删除。也可不采用 BOPTN 的设置,而在减运算的参数中设置保留或删除,该设置高于 BOPTN 中的设置,并且减图素和被减图素均可设置删除或保留选项。减运算在处理相交图素时可选择共享或分离两种方式。

7.2.2.3 Divide 切分运算

用工作平面切分图素实际上是布尔减运算,即图素(线、面、体)减工作平面的运算(相当于 LSBA、ASBA、VSBA 命令),但工作平面不存在运算后的删除问题,且利用工作平面不用预先创建减去的面,因此在很多情况下非常方便。

这里的切分也存在"仅切不分"和"切而分"两种情况,前者将图素用工作平面划分为新的图素,但与工作平面相交部分是共享的,或者说是"粘"在一起的;而后者则将新生成的图素分开,是各自独立的,在同位置上存在重合的关键点、线或面。在网格划分中,常常将图素切分(仅切不分),以得到较为理想的划分效果。输入图素的处理采用 BOPTN 的设置,如采用缺省设置,则输入图素被删除。也可不采用 BOPTN 中的设置,而强制保留或删除。

7.2.2.4 Partition 分割运算

Partition 分割运算是将多个同级图素分为更多的图素,其相交边界是共享的,即相互之间通过共享的相交边界连接在一起。分割运算与加运算类似,但加运算是由几个图素生成一个图素,分割运算是由几个图素生成更多的图素,并且在搭接区域生成多个共享的边界。分割运算生成多个相对简单的区域,而加运算生成的是一个复杂的区域,因此分割运算生成的图素更易划分网格。

分割运算不要求相交部分与母体同级,相差级别也无限制。例如体的相交部分如果为关键点,进行分割运算后,体可以通过共享关键点连接起来。面的相交部分如果为线,则会共享该线并将输入面分为多个部分,分割运算容许不共面。

可以认为,分割运算包含了搭接运算,在建模过程中使用分割运算即可。分割运算完成后,其输入图素的处理方式采用 BOPTN 中的设置。

7.2.2.5 Glue 黏接运算

Glue 黏接运算把两个或多个同级图素黏在一起,在其接触面上具有共享的边界。黏接运算要求参加运算的图素不能有与母体同级的相交图素。例如体体黏接时,其相交部分不能为体,但可为面、线或关键点,即相交部分的图素级别较母体低即可;面面黏接时,其相交部分只能为线或关键点,并且这些面必须共面;线线黏接时,其相交部分只能为线的端点,例如两个不在端点相交的线是不能黏接的。

黏接运算与加运算不同,加运算是将输入图通过运算合为一个母体,而经过黏接运算后参与运算的母体个数不变,即母体不变,但公共边界是共享的。黏接运算在网格划分中是非常有用的,即各个母体可分别有不同的物理和网格属性,进而得到优良的网格。黏接运算也不是分割运算的逆运算,因为经分割运算后图素之间共享边界,此时无须黏接运算。

在建立比较复杂的模型时,可独立创建各个图素,然后通过黏接运算使其共享边界。

这与采用各种方法创建一个母体,然后进行切分效果是一样的。如果图素之间本身就是共享边界的,当然也无须进行黏接运算。

黏接运算完成后,其输入图素的处理方式采用 BOPTN 中的设置。

7.2.3 建模工具

7.2.3.1 冻结(Freeze)

冻结 Freeze 的作用是建立模型时常常使用的隔离器。冻结是全局操作,冻结模型的所有体。完成冻结操作后,导航树中体分支前的立方体成为淡蓝色半透明的图标,图形工作区的实体也成为淡蓝色半透明实体。

冻结操作使得冰冻前创建的特征将变成冰冻体,此后对任何特征所做的添加、去除、印记面材料操作都将对所有的冰冻体不起作用。或者可以理解为,如果有冻结,冻结前后形成两个独立的实体;如果没有冻结的话,后面的操作将会与前面的实体进行布尔操作,从而成为一个实体。

7.2.3.2 解冻(Unfreeze)

解冻 Unfreeze 可以有选择地对单个或多个体移除冻结。

注意:如果从 CAD 软件中导入一个装配体,DM 将默认为装配体是没有冻结的分离零件,然而接下来的任何 3D 建模操作将合并装配体中的任何相互接触体,这些合并可以用冻结和解冻工具避免。

7.2.3.3 命名选择 Named Selection

命名选择的对象可以是体、面、边和点。选择某个 Named Selection

特征后,右击鼠标并选择 Named Selection,在细节窗口中的 Named Selection 就可以更改名字。Propagate Selection 传播选项默认为 Yes,表示该命名可以传送到 Workbench 其他模块。

当模型比较复杂时,运用命名选择功能,用户可以给各个特征取特定的、易于分辨的名字,有利于后续的有限元分析。

7.2.3.4 属性(Attribute)

Attribute 选项允许用户将名称、数字等属性绑定到所需的几何上,并可以将这些属性传输到 ANSYS Mechanical 应用程序中。

单击主菜单 Tools-Attribute 后,在导航树建立 Attribute 分支。在 Attribute Name 中用户可以输入任意名字。在 Geometry 中可选任意 3D 点、边、面、体的组合,在 Attribute Data Type 中可选项有 None、Boolean、Integer、Double 或 Text 在建立了一组属性,即 Attribute Group 后,且单击 Generate 前,用户在图形区右击鼠标,在快捷菜单中有 Add New Attribute Group,用户可以建立第二组属性。

在 Mechanical 应用程序中,选中 Geometry 下的实体,在细节窗口的 CAD Attribute 出现用户设定的属性。

为了将这些属性传输到后续的应用程序,用户还要做一些设定,在 Workbench 主界面选择工程流程图的 Geometry,右击鼠标选择 Propertics,弹出属性窗口,选中 Attribute,并将 Atribute Key 设为空白而不设定前缀,这样任意名称都可以传输。

7.2.3.5 接合(Joint)

对于面体结构,Joint 功能将在两个面体的交界处共享边,同时标记重合的边,当模型转换到 Design Simulation 时,在体之间会产生连续的网格。

接合 Joint 将表面体接合在一起,以便在分析模块中对其适当处理,可用于激活体或冻结体,拓扑结构可以共享网格,或不共享而成为接触区域。在细节窗口中,将 Share Topology 共享拓扑设为 Yes(缺省),分析模型沿边界的网格是连续的;将共享拓扑设为 No,则用接触单元对边/面的边界进行建模。

创建有一致边的面和/或线多体零件时,会自动产生边结合。若一致拓扑，可以人工结合。

在 View 菜单中选中边结合选项，边接合将被显示。边接合以蓝色或红色显示。蓝色：边接合包含在已正确定义的多体素零件中。红色：边接合没有分组进同一个零件中。

7.2.3.6 包围(Enclosure)

包围命令 Enclosure 沿实体模型创建一个环绕区域，以便于对场效应区进行数值模拟，如流体和电磁场等。

（1）Shape。Shape 用于定义包围体采用哪种形状的几何体，可以使用块体 Box、球体 Sphere、圆柱体 Cylinder 或 User Defined 自定义的形状。

（2）Cylinder Alignment。只有当选择圆柱体性质时，才出现此选项，选项有 Automatic（default），X-Axis，Y-Axis，Z-Axis。此选项决定了圆柱体的对称轴与哪个坐标轴对齐。

（3）对称平面。

① Number of Planes：确定对称平面的数量，默认为 0。

② Symmetry Plane1：用户选择已建立的平面作为 1 号对称平面。

③ Symmetry Plane2：用户选择已建立的平面作为 2 号对称平面。

（4）Model Type。

用户输入的是全模型还是局部模型，有两个选项。

① Full Model：使用所选的对称平面对模型进行切割，而且只保留平面正侧，即 +Z 轴方向的部分。

② Partial Model：用户建立或输入的模型已经是切割后剩余的部分模型，所以使用 Symmetry 后看起来没有什么变化。

如果在 Workbench 主界面下 Geometry 的 Propertics 属性窗中，选中了 Enclosure and Symmetry Processing。那么在导入 ANSYS Mechanical 后，自动在导航树建立 Named Selection，其中包含用户在 DM 中建立的对称面，以及 Open Domain 开放区域。

（5）Cushion 夹层特性。

它指模型和封装体外表面之间的距离。

① Cushion，夹层类型，可选项有 Non-Uniform 和 Uniform，即不对称和对称。

② FD2，Cushion（>0），+ive Direction：从圆柱体夹层顶部到模型的距离。

③ FD3，Cushion（>0），-ive Direction：从圆柱体夹层底部到模型的距离。

（6）Target Bodies。目标体，可选项有 all bodies、selected bodies，可以将包围应用于所有的体或仅对选定目标。

（7）Merge Parts。合并属性项可以对多体零件自动创建包围体，确保划分网格时原始零件和场域有公共节点，即节点匹配。

7.2.3.7 面分割(Face Split)

Face Split Type 有两种选项，解释如下。

（1）By Points and Edges 点和线。通过点和由点构成的边来分割所选的面，不需要封闭曲线，在细节窗口右击鼠标弹出快捷菜单，可以添加更多的 Face Split Group，而且各组之间的前后位置可以用鼠标右键的快捷菜单中选择某一项进行移动。

（2）By Location 根据位置。在面上点击任意位置即可创建点，点与点之间以直线或者样条曲线连接，对面进行分割。不需要封闭曲线。

Connect Locations：有两个选项，By Spline 用样条曲线连接，By Straight Line 用直线连接。

7.2.3.8 对称(Symmetry)

对称 Symmetry 将模型用平面切割，只保留一半的对称模型。可以定义最多 3 个对称平面，最终保留每个平面的正半轴的材料，切除负半轴的材料。

7.2.3.9 填充(Fill)

填充命令 Fill 用于创建充满内部空腔的实体，可在激活体或冻结体中操作，但只能在实体中操作，该操作对大量的 CFD 应用软件非常有用。创建方式 Extraction Type 有 2 种选项。

（1）指定空腔内部表面 By Cavity。填充所指定的空腔内表面，最终形成冰冻的填充体。该方法适合于内表面较少且很好选择的实体，如果内部管道很多，有可能遗漏某些内表面，造成填充失败。

（2）指定封盖面 By Caps。

填充实体模型和所选封盖面之间所包围的空腔,最终形成冰冻的填充体。注意以下几点:

①必须先创建空腔与外界接触的封盖面,方法:Concept-Surface From Edges 创建封冻的面体,然后才能使用填充 Fill 功能。

②该方法适合于内部管道很多,但空腔与外界接触的封盖面较少的实体。

③ Target Bodies 选择目标实体,Preserve Capping Bodies 是否保留封盖面,Preserve Solids 是否保留目标实体。

7.2.3.10 抽取中面

抽取中面 Mid-Surface 将常厚度的实体模型转化为面体(壳模型),自动在所选的 3D "面对"的中间位置生成面体。在 Mechanical 中运用壳单元类型模拟原先的 3D 实体,以节省资源和时间。

（1）自动模式。

当 Selecting Method-Automatic 时,为自动模式。

① Face Pairs "面对"的数量。在自动模式下,用户设置好后,程序自动填入数字。

② Bodies to Search。待搜索的实体,有 3 种选项。

③ Minimum Threshold。最小厚度阈值,设置自动检测模式下的"面对"之间的最小厚度。

④ Maximum Threshold。最大厚度阈值,设置自动检测模式下的"面对"之间的最大厚度

⑤ Find Face Pairs Now：是否现在检测,分两种情况。

如果 Face Pairs=0,则选项为 Yes、No,当用户选择 Yes,程序根据用户的设定立刻检测,把数值写入 Face Pairs,并把 Find Face Pairs Now 再设为 No。

⑥ Thickness Tolerance。厚度容差,如果需连接的面的厚度差在"厚度容差"之内,Mid-Surface 可以使它们连接为一体。

⑦ Sewing Tolerance：缝合容差。在"缝合容差"中,相邻面的缝隙可以在抽取中面的过程中被缝合。

⑧ Extra Trimming：程序的内部修剪算法不能很好地处理某些情

况时,此选项用来修剪表面体。选项有 4 种,分别为删除未修剪的、用实体把未修剪的部分连接起来、用实体把所有的部分连接起来和不修剪。

⑨ Preserve Bodies:在完成抽取中面的操作后,那些已经被抽取了中面的实体是否保留。分别为不保留实体、保留实体,如果出错则保留实体。

(2)手动模式。

Face Pairs:需要抽取中面的面对(面组),每个面对包含两个面,且法线平行。注意选择面的顺序决定中面的法向:第一个选择的面以紫色显示,第二个选择的面以粉红色显示。

在选择被确认后,被选色的面分别以深蓝色和浅蓝色显示。如果某个 Face Pairs(面对)中两个面之间的顺序需要颠倒,右击鼠标出现的快捷菜单,选择 Reverse Face Pairs 即可。

多个面组可以在单次中面操作组中 Surface Extension Group 被选取,但是被选择的面必须是成对的。

7.2.3.11 表面延伸

表面延伸 Surface Extend 可以将面体进行延伸。用户可以自动或者手动选择面体上的,几组边,这些边可以扩展而最终将面体延伸。

(1)手动模式。

当 Selection Method=Manual,即选择模式设为手动。

① Bounding Bodies:实体边界。当 Extent 选择为 To Next 或者 Automatic 时,该选项有用,用来考虑将表面延伸到哪些实体为止。

② Edge Selection Method:选择边的方法,有简单(默认)和高级两种。在高级模式下,用户每次选择一条边(不按 Ctrl)就自动建立一个 Surface Extension Group。如果按住 Ctrl,所选的所有边都放置在同一个 Surface Extension Group 下。

③ Edge Type:延伸类型,可选项为自然的 / 用户自定义。

④ Edges:待延伸面上的边的数量,所选的边必须是表面的边界,不能是表面内部的边。

⑤ Extent:延伸的长度,有 5 个选项,分别为固定、到面、到表面、到下一个几何特征、自动。

Fixed 固定:默认选项,延伸一个确定的长度。用户输入长度

Distance。

To Faces 到面：将表面延伸到一组面，而且待延伸表面必须与这组面相交，而不是这组面的延伸相交。

To Surface 到表面：将表面延伸到单个的、单一的表面，而且两者不必实际相交，可以与此单个表面的任意的、无界的扩展范围。

To Next 到下一个几何特征：将表面延伸到下一个实际相交的 face，而不是扩展 face 后才相交。此选项类似于 To Faces，只是用户不用选择 Faces，这在装配体中比较有用。

Automatic 自动：当 Selection Method-Automatic，即选择模式设为自动时，也用此方法。

⑥快捷菜单。在细节窗口任意位置单击鼠标右键，就会弹出快捷菜单。

Add New Extension Group：添加新的延伸群 Insert New Extension Group：在此位置插入新的延伸群。

Delete Extension Group：删除延伸群。

Clear Extension Group：清除延伸群

Move Extension Group：移动延伸群的前后顺序。

Collapse All Groups：收起所有群的细节。

Expand All Groups：展开所有群的细节。

（2）自动模式。

① Bodies To Search：确定哪些实体被搜索。默认为 All Bodies。

② Gap：间隙长度，所选的边可以延伸的最远长度，用户给定数据后，在图形工作区显示以间隙长度为直径的圆和圆心，便于用户目测是否合适。

③ Find Extension Group now：选择 Yes 后，程序按照用户的设定自动检测边，点击 Generate 后完成表面的延伸。

7.2.3.12 表面修补

在 Design Modeler 界面下，面修补 Surface Patch 试图修补面体模型中的缺陷。一般情况下，模型中的缺陷是缝隙、孔洞，用面修补方法可以用将其封闭。有时候缺陷的形状太复杂，或者缺陷在面体的边界上导致缺陷的边没有形成封闭的回路。碰到这些情况，先使用本面体的边，再借用别的面体的边,从而建立多个封闭的回路,然后就可以进行面修补。而在每个封闭回路中,第 1 条边决定了哪个面体需要进行修补。注意,用来形成封闭回路的线体,不要和待修补的面体上的边重合,以免出错。

Patch Method 修补方法有以下 3 种:

① Automatic:自动。

② Natural Healing:自然修补。

③ Patch Healing:补片修补。面修补使用类似于面删除的缝合方法。

7.2.3.13 表面翻转(Surface Flip)

表面翻转用来将表面体的方向发生翻转。Bodies 只能选择面体,不能选择线体或者实体。

在 ANSYS Design Modeler 图形工作区,用鼠标选择了面体后(不是在导航树选择面体),面体上用绿色表示的一面是面体的负法线方向。

布尔操作中的 Unite 可以将两个面体合并,但两个面体的法线正方向不一致就会导致失败。此时需要用 Surface Flip 将表面翻转。

7.2.3.14 合并(Merge)

合并用于将一组边或者一组面合并,常常用来减少模型复杂性。操作方法可选自动、手动。

(1)对边进行合并。

合并可以将符合如下准则的几条边合并成一条边:

①所选的这些边必须连接成一个链,即共享节点。

②所有的共享节点上只能有两条边。

③共享节点两侧的边之间的夹角必须大于或等于细节窗口中给定的角度。

(2)对面进行合并。

合并可以将符合如下准则的几个面合并成一个面:

①所选的这些面都应该在同一个实体上。

②每个边至少有一条边会和别的面共享,也就是说,所选的这些面相互连接。

③只有当两个面在共享边处所夹的角大于或者等于细节窗口中 Minimum Angle 给定的角度时，这两个面才能合并。

④所选的面如果所有方向都完全封闭（例如球体、环体），合并这个功能无法处理。如果所选的面只在一个方向封闭，例如圆柱体，合并这个功能可以处理。

7.2.3.15 连接（Connect ）

连接 Connect 用于对齐和连接一组点、边或者面。

（1）Tolerance 距离的公差。检测 Connection Type 中所选类型之间的距离是否小于用户给定的 Tolerance

（2）Location 插值位置。该选项可以用于 vertices、edges 以及 faces，Location 有两个选项。如果待连接的模型中间有间隙，当选择如下选项时：

① Location=Interpolated（默认），选择插值位置，所选对象都移动向中间插值处的位置。

② Location-Preserve First，保留第一个对象，则第二个对象移向第一个对象。

（3）T-Junction。T-Junction，T 形连接可以用于边和面，不能用于点。

①当 Connection Type 选择为边时，T-Junction 有 3 个选项。只有当所选边上的顶点与其他边的距离位于用户定义的 Tolerance 公差内时，T-Junction 才能使用，否则会报错。

Off：不进行 T-Junction 检测和连接；Interpolated：内插；Preserve Split-Edge：保留分割边。

②当 Connection Type 选择面时，T-Junction 只有两个选项，Off 和 On。

Off：默认。设为 Off 时，表明只有完全重叠的表面才能连接。

On：对应两个表面之间只能部分重叠时，T-Junction 设为 On.

（4）Merge Bodies 合并体。

当 Connect 对所选对象进行连接时，多个线体或面体的顶点或边是否合并，由 Merge Bodies 来控制。

7.2.3.16 投影（Projection）

投影 Projection 允许点在边或者面上投影，以及边在面或者体上投影，该工具对冻结体和激活体都有效。细节窗口的 Type 有 4 种选项。

（1）Edges On Body Type。

使用此选项，用户可以将边投影或印记到实体、面体上。

① Direction Vector：投影方向，用户可以选择一个特定的方向来进行投影。如果设为 No（默认），则自动选择离目标体最近的方向进行投影，此时只能选择一个目标体。如果设为 Yes，可以选择多个目标体进行投影。

② Imprint：印记。如果设为 Yes（默认），目标体（面体或者实体的面）加上印记，所以发生变化，如果设为 No，目标体不会发生变化，投影体成为单独的线体。

③ Extend Edges：对投影产生的边进行扩展，如果设为 Yes，当选择 Edges 为单条边时，投影产生的边可以扩展到目标面的边界；如果所选的 Edges 为一组连接起来的边，那么投影产生的边只有在开口的地方会延伸。如果设为 No（默认），与所选的 Edges 保持一致而不扩展。

（2）Edges On Face Type。使用此选项，用户可以将边投影或印记到某个表面上。

（3）Points On Face Type。使用此选项，用户可以将点投影或印记到某个表面上。如果 Imprint 设为 No（默认），则投影后在面上建立结构点。

（4）Points On Edge Type。使用此选项，用户可以将点投影或印记到某条 3D 边上。如果 Imprint 设为 No（默认），则投影后在面上建立结构点。

7.2.3.17 转换（Conversion）

从 DesignModeler 14.5 开始，用户把几何模型从其他 CAD 导入 DesignModeler 中时，可以有如下两种几何类型：

一种是 Work bench 格式的几何：这种几何表示形式，可以适用于 ANSYS 工作台中的各种应用，包括 Workbench Mechanical 和 Workbench Meshing。

一种是 DesignModeler 格式的几何：这种几何表示只能被 DesignModeler 应用程序使用。几乎所有的几何编辑操作都是在这种几何表示中执行的。在 DesignModeler 14.5 之前的 DesignModeler 版本中的几何学完全以这种形式存在。

而 Conversion 这个操作，可以将 Workbench 格式的模型转换成 DesignModeler 格式的模型。如果用户要在 DesignModeler 环境中修改模型，必须先用 Conversion 对 Workbench 格式的几何进行格式转换。

（1）Simplify Geometry 简化几何：如果是 Yes，模型的曲面和曲线将尽可能简化为解析几何。默认值是"No"。

（2）Heal Bodies：修补几何体，在将几何图形转换为 Design Modeler 格式之前尝试修复几何。默认值是"Yes"。

（3）Clean Bodies 对几何体进行清洁，在转换为 DesignModeler 格式后，尝试修复实体和表面物体的几何形状。"Clean Bodies"选项自动忽略线体，默认值是"Normal"。

7.2.3.18 焊接（Weld）

焊接功能在两个 Bodis 之间创建焊缝，从而将两个 Bodies 形成一个焊接体。在每个焊接功能中可以有多个焊接组。

每个组分别以一个或多个 Edges 和 Faces 作为源体和目标体，焊缝将从选定的 Edges 创建到所选的 Faces 目标面。所生成的焊接体处于冰冻状态，为新的冰冻体。

（1）Edges：已输入边。这是一个 Apply/Cancel 按钮属性，用户选择一条或多条边，单击按钮，完成边的选择。对于 Natural 自然扩展类型，所选择的边缘必须位于曲面的边界上。

对于 Projection 投影扩展类型，可以选择实体的边缘和表面物体内部的边缘。

（2）Faces：已输入面。这是一个 Apply/Cancel 按钮属性，用户选择一个或多个面，单击按钮，完成面的选择。基于该属性，焊缝将扩展到这组面所形成的边界上为止。

（3）Extent Type：扩展类型，有 3 种选项。

① Automatic：这是默认的扩展类型，则首先使用 Natural 扩展类型创建焊缝体，如果它失败，则使用 Projection 扩展类型。

② Natural：自然。焊接体就会被创建，就像用户所选 Edges 所在的表面沿着 Edges 延伸到所选的 Faces 一样。输入的 Edges 必须是表面体的边（不能是实体的边），才能使焊缝在 Natural 延伸类型中成功实现。

③ Projection：投影。焊缝体通过首先将 Edges 投影到 Faces 目标面上，得到投影线，然后通过 Edges（即已输入边）和投影边来拟合表面。已输入边可以是面体的，也可以是实体的。

（4）Thickness Mode：厚度模式。新生成的焊缝厚度受厚度模式控制。它有以下两个值：

① Inherited：继承，表示新创建的焊缝体将从 Edges 这些边所属的父主体获取厚度值。

当厚度模式设置为继承时，厚度属性将是只读的。

② User Defined：用户自定义，表示新创建的焊缝体的厚度可以手动修改，厚度值将被保留。只有当厚度模式设置为"用户定义"时，才能手动更改厚度值。

7.2.3.19 修补工具（Repair）

修补工具允许用户查找和修补几何错误、不需要的几何特征。修补工具可以用于冰冻体和激活体。修补命令包括 8 个半自动工具。

硬边：硬边是指位于实体或面体内部，即没有参与形成表面的边界。在划分网格时会在硬边附近划分不需要的、细密的网格，所以必须删除。

本修补工具中的 Repair Holes 可以用来删除尺寸较小的孔洞，简化几何模型。

（1）修补步骤。

①先根据一定的规则寻找所选体上的缺陷。

②在细节窗口列出缺陷，也列出推荐的修补方法。

③如果需要，复查每个缺陷，改变修补方法，或者选择不修补。

④单击 Generate，最后检查每个缺陷看修补后的几何特征是否合适。

注意：使用任意一种修补工具，且又设置为不修补，但不能保证几何缺陷没有修复。这是因为修补一个错误会导致别的几何错误自动被修补。

（2）自动寻找几何缺陷。

所有的修复工具都包含了缺陷自动寻找的设置，以孔洞修补为例。

① Bodies to Searech：在哪些实体上寻找缺陷。有如下选项：可见的实体（默认），所有实体、所选实体。

② Minimum Limit：缺陷的最小值，用于设置查找缺陷的条件，大于此数值的缺陷可以自动找到，默认为零。

③ Maximum Limit：缺陷的最大值，用于设置查找缺陷的条件。小于此数值的缺陷可以自动找到。初始时，这个数值是程序基于所查找实体自动设置的，并且用户可以修改。

④ Find Faults Now：该选项常常显示为 No，如果用户选为 Yes，则程序根据用户的设置自动查找缺陷，结束后又变为 No。

（3）错误列表。

用户选择了 Find Faults Now 为 Yes 后，在细节窗口会列出错误的列表。

每个缺陷包括了缺陷的尺寸 Hole Size、推荐的修复方法 Repair Method，当然用户可以单击 Repair Method 的下拉菜单，从建议的方法中更换修复方法。在细节窗口右击鼠标，弹出快捷菜单，其中 Select in All Below 是指在下面的缺陷修补方法中都用与此处相同的方法。

7.2.3.20 分析工具（Analysis Tools）

（1）检测距离 Distance Finder。检测距离工具用来计算两组对象之间的最短距离，在选定两组对象后：DM 将距离显示在图形工作区和细节窗口，并将最短距离所在的路径显示在图形工作区。

（2）对象信息 Entity Information。使用对象信息工具，用户选择一个对象，DM 会在细节窗口显示其属性。

（3）边界框 Bounding Box。使用边界框工具，在用户选定一个或多个对象后，DM 会在图形工作区画出边界框，并在细节窗口显示每个边的长度。

（4）质量属性 Mass Properties。使用质量属性工具，用户可以选择一个或多个同类型的对象，DM 在图形工作区显示其质心位置，并在细节窗口显示质心的坐标。

（5）瑕疵检测 Fault Detection。使用瑕疵检测工具，用户只能选择实体，DM 可以检测所选实体的拓扑瑕疵，并将瑕疵分列在细节窗口中。

（6）查找小对象 Small Entity Search。使用查找小对象工具，用户可以发现比较小或者有问题的对象有小面 Small Faces、短边 Short Edges、碎片 Slivers、尖角 Spikes、内部气孔 Internal Voids，首先选择需要分析的实体，并单击 Entity Set 的 Apply，然后定义每一项的查找标准，最后设置 Go 的选项为 Yes，就可以执行。

查找结束后，自动在细节窗口显示结果。

7.2.3.21 选项设置（Option）

单击 Tools-Option，打开选项设置窗口。其中与 DesignModeler 有关的内容包括如下六部分。

（1）Geometry 几何体。

Geometry 进行导入、导出几何体设置，包括 Parasolid、CAD Options、Import Options、Selection 四部分。

其中 Parasolid 中 Transmit Version 常用。当用户用 .x-t 或者 .xb 格式导出几何体时，DesignModeler 使用的是 Parasolid 格式的文件。

（2）Graphics 图形显示设置。

① Face Quality：DesignModeler 窗口中表面显示质量的高低，可选 1~10 级（最高质量）。

② Show Edges of Hidden Faces：是否显示隐藏面的边。

③ Dimension Animation：用动画显示尺寸的显示比例，默认为最小 0.5，最大 1.5，用于设置 Sketching 草图模式下，Dimensions 工具栏下的 Animation。

（3）Miscellaneous 杂项。

① Display：启动后首先进入建模模式还是草图模式。

② Files。

Saved Feature Data：保存模型时，是否保存模型的附加信息，默认选项是 Partial 部分。

Auto-save Frequency：自动保存的间隔。默认每第 5 个 Generate 就自动保存模型。

Auto-save File Limit（per model）：每个模型自动保存的文件数目，

范围为 5~20, 默认 10。

Delete auto-save files after (days)：自动保存的文件在多少天后自动删除，默认 60.5。

Max Recent File Entries：在菜单 File 下 Recent Import 等下列出最近用过的文件，范围为 1~10, 默认为 5。

③ Print Preview。

Image Resolution：图片的清晰度，选项有普通 Normal（默认），Enhanced 增强，High 高清。

Image Type：保存图片的格式，选项有 PNG（默认）、JPEG、BMP。

（4）Toolbars 工具条。

① Feature：Show icon in Feature Toolbar：是否在特征工具条上显示如下的特征按钮。

② Tools：Show icon in Feature Toolbar：是否在特征工具条上显示如下的工具按钮。

（5）Units 单位制。

① Length Unit：Use Project Unit 是指使用 Workbench 主界面下菜单 Units 中设定的单位。

② Display Units Pop-up Window：在刚刚进入 DesignModeler 界面时弹出 Unit 窗口。

③ Enable Large Model Support：是否支持大模型。大模型是指外尺寸在 $1000km^3$ 的模型。只有长度单位设为 Meter 或者 foot, 此项才能被激活。

（6）Grid Defaults 网格默认选项。

进入 DesignModeler, 在草图模式下，点击 Settings, 选中 Grid 右边的 Show in 2D, 此时在图形工作区显示栅格，而且下面部分属性在 Setting 也能设置。

① Minimum Axes Length：新建平面的轴线的默认最小长度。如果模型大于此范围，轴线自动延伸。

② Major Grid Spacing：粗栅格的间距，是指 2D 草图中粗栅格线。

③ Minor Steps per Major；每相邻两个粗栅格之间的细栅格的数量。

④ Grid Snaps per Minor：每隔几个细栅格进行捕捉。

⑤ Show Grid (in 2D Display Mode)：2D 模式下默认显示网格，

选项为 Yes/No。

⑥ Snap to Grid（while in Sketching）：在草图模式下默认捕捉栅格线，选项为 Yes/No。

⑦ Apply Grid Defaults to Active Plane：在激活平面上应用默认栅格属性。

7.3　实体模型网格划分

7.3.1 网格划分的目的和流程

划分网格的目的是把求解域分解成适当数量的单元，以便得到符合精确要求的数值解。

根据物理场的不同，可以对 FEA（结构）和 CFD（流体）模型实现离散化。

7.3.1.1 FEA 结构网格

（1）细化网格来捕捉关心部位的梯度，例如，温度、应变能、应力能、位移等。

（2）大部分可划分为四面体网格，但六面体单元仍然是首选的。

（3）有些显式有限元求解器需要六面体网格。

（4）结构网格的四面体单元通常是二阶的，即单元边上包含中节点。

7.3.1.2 CFD 流体网格

（1）细化网格来捕捉关心的梯度，例如，速度、压力、温度等。

（2）网格的质量和平滑度对结果的精确度至关重要。这导致较大的网格数量，经常为数百万个单元。

（3）大部分可划分为四面体网格，但六面体单元仍然是首选的。

（4）CFD 网格的四面体单元通常是一阶的，即单元的边上不包含中节点。

如果在求解之前没有进行网格划分，点击 Generate 按钮后程序将自动生成默认的网格。用户如想自行控制网格质量，那么网格划分流程如下，但并不是每一步都必须遵循以下流程。

（1）设置目标物理环境。自动生成相关物理环境的网格，如 FLUENT CFX 或 FLUENT、CFX、Mechanical。

（2）如有需要，修改网格选项 option，包括默认物理场、尺寸、膨胀层、高级选项、统计信息等。

（3）设定全局网格划分方法，包括自动、四面体、六面体、扫掠、多区等。

（4）定义局部网格划分方法，包括尺寸、接触、细化、映射面、匹配等。

（5）预览网格并进行必要调整。

（6）生成网格。

（7）检查网格质量，使用各种网格质量评定标准、网格质量图表。

（8）传递或者保存网格。

7.3.1.3 需考虑的原则

（1）细节。

用户需要分析，哪些几何细节是和物理分析有关的，不必要的细节会大大增加分析需求。

（2）细化。

用户需要分析哪些是复杂应力梯度区域，在这些区域需要高密度的网格。

（3）效率与精度。

大量的单元需要更多的计算资源（内存 / 运行时间），用户要在分析精度和资源使用方面进行平衡。

7.3.2 3D 网格的全局控制（Method）

7.3.2.1 程序自动划分网格（Automatic）

软件自动检测模型，如果可以的话，实体将被扫掠网格划分，用六面体网格。否则，将自动使用 Tetrahedrons 下的 Patch Conforming 四面体网格划分器。同一部件的体有一致的网格单元。在 Method 下拉菜单中选择 Automatic。

Geometry 选择需要划分的实体。Element Midside Nodes 是否保留单元的中间节点,有如下选项:

(1)Use Global Setting:默认选项。使用全局设置,即导航树下 Mesh 的细节窗口中 Advanced 下的设置。

(2)Dropped 退化形式:不保留中间节点。

(3)Kept 保留:保留中间节点。

7.3.2.2 四面体单元划分(Tetrahedrons)

四面体单元划分有如下优点:(1)任意体总可以用四面体网格;(2)可以快速、自动生成,并适用于复杂几何;(3)在关键区域容易使用曲度和近似尺寸功能自动细化网格;(4)可使用膨胀细化实体边界附近的网格(边界层识别)。

同时四面体单元划分又有如下缺点:(1)在近似网格密度情况下,单元和节点数高于六面体网格;(2)一般不可能使网格在一个方向排列;(3)由于几何和单元性能的非均质性,不适合于薄实体或环形体。

由 Algorithm 中可见,有两种算法生成四面体网格。

一种是基于 TGid 的碎片均匀算法 Patch Conforming,另一种是基于 ICEM CFD 的碎片无关算法 Patch Independent。

(1)碎片均匀 Patch Conforming。

Patch Conforming 碎片均匀的四面体单元划分,首先由默认的考虑几何所有面和边的表面网格划分器生成表面网格(注意:一些内在缺陷在最小尺寸限度之下),然后基于 TGRID Tetra 算法由表面网格生成体网格。

可见,碎片均匀 Patch Conforming 的特点为:首先,采用自下而上的方法,划分过程为先表面网格,后体网格;其次,适合于考虑细节的 CAD 几何模型。默认时考虑所有的面和它们的边界(边和顶点),尽管在收缩控制和虚拟拓扑时会改变,且默认损伤外貌基于最小尺寸限制。

Patch Conforming 的细节窗口选项如下:

① Geometry:选择 3D 实体部件。

② Element Midside Nodes:是否保留单元的中间节点。

(2)碎片无关 Patch Independent。碎片无关 Patch Independent 四

面体单元划分采用自上而下的方法,网格划分先生成体网格,再映射到顶点、边和表面产生表面网格。

碎片无关 Patch Independent 具有如下特点。

①这个方法容许质量差的 CAD 几何。如没有命名选择、载荷、边界条件或其他作用,那么不必考虑公差范围内的面和它们的边界(边和顶点),这种算法对忽略 CAD 模型中有长边的面、许多面的修补、短边等有用,适用于粗糙的网格或生成更均匀尺寸的网格。

②类似于高级尺寸功能的 Curvature 和 Proximity,Patch Independent 四面体方法对损伤几何有一个显示容差控制。

③可以强制地通过创建命名选项或设置 Defeaturing Tolerance 为 No 来考虑面、边或点。

④可以合并使用 Inflation。

碎片无关的细节窗口选项如下。

① Define By: Max Element Size/Approx Number of Elements per Part：分别为“初始单元划分的最大尺寸 / 模型中每个部件期望的单元数目”,注意该选项可以被其他网格划分控制所覆盖。

② Max Element Size：初始单元划分的尺寸。软件自动根据 Mesh 整体的细节窗口的设置确定默认值,但用户可以修改为自己需要的数值。

Approx Number of Elements per Part；给点单元的大致数目,默认 5.0E+05,只有当选择的是单体部件时,此选项才起作用。

③ Feature Angle：特征角,特征角文本框中用户可以输入 0° ~90° 的数值,或者采用默认的 30°,当两个平面之间的法线夹角小于特征角时,外观上两平面接近共面,在划分网格时忽略两平面之间的交线,即节点不会放置的在交线上。

④ Mesh Based Defeaturing：是否定义边的损伤容差。选项有 Yes、No,默认为 No,如果设为 Yes,出现下面一条 Defeaturing Tolerance,可以输入数值,根据输入的容差大小和角度,忽略掉细碎的几何特征,而进行网格划分。

⑤ Defeaturing Tolerance：损伤容差数值。默认的数值等于 Mesh 整体的细节窗口中 Defeaturing Tolerance 的数值。如果输入 0,表明采用默认数值。如果用户输入不同的数值,则以此处输入的数值为准而忽略 Mesh 整体的数值。如果导航树下有多个 Patch Independent 且有多

个 Defeaturing Tolerance,则以最小的为准。

⑥ Curvature and Proximity Refinement:与 Mesh 的总体控制中类似。根据 Min Size Limit、Num Cell Across Gap、Curvature Normal Angle 的数值,寻找模型中几何特征的曲率和曲率附近单元,自动加密网格。最终,在平坦的、光滑的表面生成相对大的单元,而在曲率变化大的区域、有小窄条的区域生成相对小的单元。

⑦ Min Size Limit:最小尺寸的极限。默认数值等于 Mesh 整体的细节窗口 Min Size。

⑧ Num Cell Across Gap:狭缝单元数量,proximity 细化的目标。网格将在紧密区域细分,但细化受到 Min Size Limit 的限制,不会越过这个限制。Mesh 整体的细节窗口 Advanced Size Function 选中时,数值等于整体细节窗口的数值;相反,则缺省值是 3。

⑨ Curvature Normal Angle:设置 Curvature 细化的目标。类似于 Mesh 整体的细节窗口 Advanced Size Function 的设置。这个细化也受到 Min Size Limit 的限制。

⑩ Smooth Transition:平滑过渡。选项有 On/Off(默认)。如果选中 Off,体网格用 Octree 法划分。如果选为 On,体网格用 Delaunary 法生成。

⑪ Growth Rate:增长率。相邻单元的单元边长的增长率。用户可以输入 1~5 之间的数值,或者输入 0 表示采用默认,默认数值与 Mesh 整体的细节窗口中的设置有关。

⑫ Minimum Edge Length:最短的边的长度。软件自动检测的数据,不可更改,用于提示用户。

⑬ Match Mesh Where Possible:如果可能,是否匹配网格。选项有 Yes(默认)/No。

如果导航树中已经定义了接触,此功能不起作用。如果两个实体上有独立的表面,当 Match Mesh Where Possible 设为 Yes,则在两个表面都生成相似的单元,但不形成接触。

⑭ Write ICEM CFD Files:选项有 Yes/No(默认 No),是否写入 ICEM CFD 文件。如果用户在 Workbench 中完成了网格划分,而且想把文件输出后将来在 ICEM CFD 中编辑,则选为 Yes。

7.3.2.3 六面体为主(Hex Dominant)

Hex Dominant：主要采用六面体 Hexahedron 单元进行自由网格划分,首先生成四边形主导的面网格,然后得到六面体,再根据需要自动填充少量的棱锥、四面体单元、棱柱形(楔形体)单元。如果实体可能不适合进行 Hex Dominant 网格划分,将提醒用户。

Hex Dominant 的细节窗口选项如下:

(1)Element Midside Nodes：是否保留单元的中间节点。

(2)Free Face Mesh Type：在无法使用六面体的区域使用哪种单元进行填充,选项有 Quad/Tri、All Quad,即四面体 / 三棱柱、全部四面体。

(3)Control Messages：只读信息。当选定了实体采用 Hex Dominant 网格划分方法后,Workbench 自动计算体积与表面积之比,如果 <2,表明模型不适合于 Hex Dominant,则显示 "Yes, Click To Display",点击后在 Messages 有警告信息。

下面两种情况下推荐使用此方法:

(1)对于不可扫掠的体,但想要得到较多六面体单元时。

(2)对内部容积较大的实体,能得到比较好的网格。

下面 3 种情况下建议不要使用此方法:

(1)对体积与表面积之比很小的薄复杂体,不使用此方法。

(2)对于可以扫掠的体,或者经过分解后可以扫掠的体,建议不用 Hex Dominant 方法。

(3)不适合于 CFD,因为 Hex Dominant 的芯部单元过渡比较急剧,影响 CFD 的计算精度。

7.3.3 扫掠划分(Sweep)

Sweep 扫掠划分,要求实体在某一方向上具有相同的拓扑结构。

创建六面体网格时,先划分源面再延伸到目标面。其他面叫作侧面。

扫掠方向或路径由侧面定义,源面和目标面间的单元层是由插值法而建立并投射到侧面的。扫掠后产生纯六面体或棱柱网格。

扫掠的步骤如下:

①选择感兴趣的实体,或者右击 Mesh,选 Show Sweepable Bodies。

②在导航树选择 Mesh，右击鼠标选择 Insert-Method。

③在细节窗口中设置 Method 为 Sweep，此时导航树 Mesh 下多了一个分支 Sweep Method。

④右击 Sweep Method，在快捷菜单中选择 Preview-Source and Target Mesh。

⑤选择导航树的 Mesh，此时在图形工作区显示源体和目标体的网格。

（1）对简单的实体进行扫掠。

体必须是可扫掠的。右击 Mesh，选 Show Sweepable Bodies，就可以在图形工作区显示可扫掠体，简单的体都可以扫掠。一个可扫掠体需要满足：包含不完全闭合空间；至少有一个由边或闭合表面连接的从源面到目标面的路径；没有硬性分割定义以致在源面和目标面相应边上有不同分割数手动或自动设定 source 源面，target 目标面，通常是单个源面对单个目标面。

下面解释细节窗口的选项：

①是否保留单元中间节点。

② Sre/Trg Selection：源面 / 目标面：自动，手动源，手动源和目标，自动薄壁体，手动薄壁体，注意源面和目标面不必是平面或平行面，也不必是等截面的。

③ Free Face Mesh Type 自由表面的划分类型：全部三角形，四边形或三角形（默认），全部四边形。

④ Type：单元尺寸类型，设置在扫描路径上把整个路径划分成多少段，或者划分成多大的单元。

单元尺寸（软约束），选中此项后多出一项 Sweep Num Divs，用户可以输入数值 2。

划分数量（硬约束），选中此项后多出一项 Sweep Element Size，用户可以输入数值。

⑤ Sweep Bias Type 扫掠偏置类型：设置沿着扫掠方向上单元尺寸的变化规律，选项有：右侧密集、左侧密集、两侧密集、中间密集、无扫掠偏置。

（2）复杂体的扫掠。

为划分完整的固体 / 流体，将几何分解（分裂）成可扫掠区域，然后才能用几个扫掠操作。

这里几何分裂成了几个体，每个体有一个源面和目标面。

为使分解后的相邻两个实体在分界面上得到共形网格，多个实体应组装成多体部件，在 DesignModeler 界面下，选中多个实体，右击鼠标选中 Form New Part 即可。

如果是对多体部件进行扫掠划分，在细节窗口会多一个选项——Constrain Boundary 约束边界，选项有 Yes/No（默认）。如果选择 Yes，则程序会约束边界，即防止在扫掠划分区域的边界上分裂单元，而且防止在六面体 / 楔形划分中引入四面体和棱锥单元。

（3）薄体的扫掠。

薄体扫掠需要满足如下的条件：

①模型应是薄的，"薄" 意味着侧面相对于源面比较小（侧面 / 源面长径比小于 1/5）。

②模型必须有一个明显的 "侧面"。且厚度方向可划分为多个单元。

③扫掠方向没有膨胀和偏斜，扫掠路径是直线的。

④捕捉多个源面，忽略多个目标面。而且源面和目标面不能相互接触。

⑤支持多体部件，但只允许一个单元穿过厚度。

薄模型不止一个源面，源面可自动或手动薄模型扫掠，另外还可以将多个源面合并成虚拟拓扑成为单个源面。解释如下：

①多个源面 / 目标面的几何体。在细节窗口中的选项较少。细节窗口的 Src/Trg Selection 有 Manual Thin 和 Automatic Thin 选项。

②单个源面 / 目标面的几何体。如果使用 Virtual Topology 或者 CAD 工具，将所有源面合并成单个源面，将所有目标面合并成单个目标面，细节窗口中在扫掠方向会有更多的选项，例如允许扫掠方向和膨胀的偏斜。

（4）扫掠网格的膨胀。

对于扫掠网格，选择源面的边，则源面得到膨胀。

① Sre/Trg Selection 应设置为 Manual Source 或 Manual Source and Target，一旦定义了源面，就可以定义膨胀。

②扫掠网格的膨胀将使用 Pre inflation 算法。

③只能利用 First Layer 或 Total Thickness 选项。

7.3.4 多区（MultiZone）

MultiZone：多区域网格划分自动将几何体进行分解成映射区域和自由区域，可以自动判断区域并把映射区生成纯六面体网格（即生成六面体 / 棱柱单元），对不满足条件的区域采用非结构网格划分，即自由区域 Free Mesh Type 可以由六面体为主、六面体 - 核心或四面体来划分网格，可以具有多个源面和目标面，多重区域网格划分和扫掠网格划分相似，但更适合于用扫掠方法不能分解的几何体。

另外，在导航树选择 Mesh，并在细节窗口中 Advanced Size Function 设为 Off。因为 MultiZone 中无法使用高级尺寸功能，多区方法还可以添加膨胀，在导航树选择 MultiZone，右击鼠标选择 Inflate This Method 就可以创建膨胀，在膨胀的细节窗口中，Geometry 选择实体，Boundary 选择表面。

（1）细节窗口。

① Mapped Mesh Type 映射区域单元类型，选项有 Hexa 六面体、Hexa/Prism 六面体或棱柱。

② Free Mesh Type 自由区域单元类型，选项有不允许、四面体、六面体为主和核心区为六面体，从左至右分别为四面体、六面体为主，核心区为六面体。

③ Element Midside Nodes：是否保留单元的中间节点。

④ Sre/Trg Selection：源面 / 目标面，选项有自动、手动选取源面。

⑤ Mesh Based Defeaturing：根据损伤容差进行边的过滤，Yes/No（默认），如果设为 Yes，下面出现 Defeaturing Tolerance 可以输入数据。

⑥ Defeaturing Tolerance：损伤容差。如果输入 0，表明它与 Mesh 整体的细节窗口中的 Defeaturing Tolerance 相同，或者输入大于 0 的其他数值。

⑦ Minimum Edge Length：只读数据，给用户提示，模型的最小边长。

⑧ Write ICEM CFD Files：见"碎片无关 Patch Independent"。

（2）对比 3 种方法。

扫掠、多区、薄体扫掠这 3 种方法各有特点，一些模型的网格划分可以使用 3 种方法其中任一个。

①在下列情况时使用扫掠方法：一个多体部件中一些体应扫掠划分，一些应 Patch Conforming 四面体划分；如果想要使用高级尺寸功能；预览可扫掠体，显示所有体是可扫掠的。

②在下列情况时使用多区：划分对于传统扫掠方法来说太复杂的单体部件；需考虑多个源面和目标面（不能使用 VTS 集成一个源面 / 目标面）；关闭对源面和侧面的膨胀；"薄"实体部件的源面和目标面不能正确匹配，但关心目标侧的特征。

③在下列情况时使用薄扫掠："薄"实体部件的源面和目标面不能正确匹配，并且不关心目标侧的特征。

7.3.5 3D 网格的局部控制

7.3.5.1 网格局部尺寸控制（Sizing）

Sizing 尺寸控制的细节窗口允许设置体、面、边、顶点的局部单元大小。

（1）Geometry：几何类型，用户先在工具栏设定选择过滤器为 Edge、Face 或者 Body，然后在图形区选择几何特征，再点击此处的 Apply。

（2）Type 有以下 3 种选项，假如 Geometry 选择了边：

① Element Size：设置单元平均边长，在下面的文本框输入数据。

② Number of Divisions：设定边上的单元数目，在下面的文本框输入数字。

③ Sphere of Influence：用球体区域控制单元平均大小的范围。

Sphere Center 球体中心：球体的中心坐标采用的是局部坐标系。

Sphere Radius 球体半径：用户给定。

Element Size 单元尺寸：用户给定。只有此值小于 Mesh 整体的细节窗口的 Element Size，球体区域才能起作用。

可选择一个或多个对象，所有包含在球域内且选定对象的单元网格尺寸按给定尺寸划分。

③ Behavior：行为，在已划分边、面、体这些实体上的行为。

Geometry 当选择了点，或者 Type 选择了 Sphere of Influence、

Body of Influence,那么 Behavior 不会出现。选项如下：

Hard 硬的：表明 Type 中定义的 Element Size 单元尺寸、Number of Element Division 单元数目必须是固定不变的，不能被其他网格控制所覆盖。此选项有可能导致划分失败。

Soft 软的：表明虽然 Type 中定义的 Element Size 单元尺寸、Number of Element Division 单元数目，但是体、面、线的尺寸还是可以被其他网格控制所覆盖，例如 proximity、curvature。

④ Bias Types 偏置类型和 Bias Factor 偏置因子。根据单元的长度不同，偏置类型分别为右端密集、左端密集、两端密集、中间密集。

⑤更多选项。用户可以将 Mesh 整体的细节窗口中的高级尺寸功能打开。此时，在 Sizing 网格局部尺寸的细节窗口有更多选项。

在已划分边、面上，增加了两个选项。选项分别是 Curvature Normal Angle 曲率法向角度，Growth Rate 增长率，它们的含义与 Mesh 整体的细节窗口中一致。

在已划分的体上，Type 选项中出现 Body of Influence 影响体。

影响体只在高级尺寸功能打开，且 Geometry 为实体的时候，才被激活。

影响体可以是任何的 CAD 线、面或实体。

影响体周围的 Geometry 网格被细化，但影响体没有划分网格，只是作为一个影响范围的发起者。

7.3.5.2 接触网格尺寸控制（Contact Sizing）

Contact Sizing 在部件间接触面上产生近似尺寸的单元（网格的尺寸近似但不共形）细节窗口选项如下。

（1）Contact Region 可以从下拉列表中选取某一个接触对，而这些接触对就是已经在导航树 Connections 下建立好的。

（2）在接触区域可以设定 Type 为 Element Size 或者 Relevance。选择 Element Size 后，用户下面的 Element Size 中输入合适的数值。

7.3.5.3 网格局部单元细化控制（Refinement）

细化 Refinement 可以对已经划分的网格进行单元细化，一般而言，先进行整体和局部网格控制形成初始网格，然后对被选的边、面或者体进行网格细化。对 Patch Independent Tetrahedrons 或 CFX-Mesh 不可用。由于不能使用膨胀，对 CFD 不推荐。

对于单元尺寸，可以定义被选定的边、面或者体的平均单元尺寸。对于边，用户可以定义边上的划分份数，细化水平可从"1"级（最低的）到"3"级（最高的）改变。其中"1"级的细化，这使单元边界划分为初始单元边界的一半，这是在生成粗网格后，网格细化得到更密网格的简易方法。

尺寸控制和细化控制的区别如下：

（1）尺寸控制在划分前先给出单元的平均单元长度。通常来说，在定义的几何体上可以产生一致的网格，网格过渡平滑。

（2）细化是打破原来的网格划分。如果原来的网格不一致，细化后的网格也不一致。尽管对单元的过渡进行平滑处理，但是细化仍然导致不平滑的过渡。

（3）在同一个表面进行尺寸和细化定义。在网格初始划分时，首先应有尺寸控制，然后再进行第二步的细化。

7.3.5.4 面网格映射控制

映射面网格划分 Mapped Face Meshing 允许在面上生成结构网格。对内圆柱面进行映射网格划分可以得到很一致的网格。这样对计算求解有益。如果因为某些原因不能进行映射面网格划分，网格划分仍将继续，导航树上会出现相应的标志。

如果选择的映射面划分的面是由两个回线定义的，就要激活径向的分割数，即从内环指向外环的径向穿过环形区域的分割数。这用来产生多层单元穿过薄环面。

步骤如下：

①在导航树选择 Mesh 或者 Mesh 下任意一个分支，右击鼠标弹出快捷菜单。

②选择其中的 Show-Mappable Faces，图形工作区中所有可以映射的表面都高亮显示。

③在导航树选择 Mesh 或者 Mesh 下任意一个分支，右击鼠标弹出快捷菜单。

④选择其中的 Insert-Mapped Face Meshing,在细节窗口中 Geometry 显示了被选中的面的数量。

7.3.5.5 匹配网格划分

匹配网格 Match Control 用于在对称体上划分一致的网格。匹配网格支持 3D 实体网格的 Sweep、Patch Conforming 方法,以及 2D 面体网格的 Quad Dominant、All Triangles 方法

(1)细节窗口。

① High Geometry Selection 高几何体,在图形区蓝色显示。

Low Geometry Selection 低几何体,在图形区红色显示。

可以选择同一个实体的表面或者边。

② Transformation 转换方式:有两种选项:DCyelic 旋转、Arbitrary 任意。

③ Axis of Rotation 旋转轴:当转换方式选择为 Cyclic 时出现的选项。在后面的下拉栏中选择事先建立的坐标系,其中的 Z 轴作为高几何体转换到低几何体的旋转轴。

④ High Coordinate System 高坐标系,Low Coordinate System 低坐标系。当转换方式选择为 Arbitrary 时出现的选项。在后面的下拉栏中选择事先建立的坐标系,注意两个坐标系一定要分别与两个几何体对应。表明当高坐标系转换到低坐标系时,高几何体能够与低几何体完全吻合。

(2)注意事项。

①薄壳体、2D 面体、3D 实体可以使用边匹配,3D 实体可以使用面匹配,匹配网格不能应用在多个部件上。

②用户所选的两个表面、两个边必须有相同的拓扑和几何,即,经过旋转或平移,两者可以完全重合。

③定义 Match Control 时要十分小心。有时候模型中的边、表面看起来很像,但实际上两者经常无法匹配,所以匹配网格划分失败。

④一个实体上定义多个匹配控制有可能造成冲突。例如两个表面分别定义了两个不同的匹配控制,但两个表面共享的边上会造成冲突,最终出错。

⑤一个匹配控制只能定义在一对表面上,而不能定义在多对表面

上，不能把多个匹配控制定义在一对表面上。

⑥网格匹配不能同时使用 Refinement 方法。

⑦不论 High Geometry Selection 或 Low Geometry Selection 打开了 Advanced Size Function，那么高级尺寸能够在两个对象上都起作用。

⑧在一对面上定义的匹配控制能够添加 Pre Inflation 前膨胀，但在一对边上定义的膨胀不支持前膨胀，另外两种情况都不支持后膨胀。

⑨在一对面上定义的匹配控制不支持在 2D 表面上进行 Quad Dominant 划分。

⑩如果某个拓扑结构上已经添加了 Pinch、Mesh Connection，或者 Symmetry 控制，那么就不能使用 Mateh Control。

⑪ Match Control 可以使用薄壳扫掠。

7.3.5.6 网格修剪控制

Pinch Control 可以让用户清除网格中的小特征（例如，小边、狭窄区域）对应的网格，用以防止这些特征导致质量差的单元，最终得到更好质量的网格。

（1）Master：Master 是指保留原有网格的几何模型，选中后显示为蓝色。

（2）Slaver：Slaver 是要改变网格的几何体，它朝 Master 方向移动靠拢，选中后显示为红色。

（3）Tolerance：收缩容差要小于局部最小尺寸。

用户既可以自动生成 Pinch Control，（右击导航树的 Mesh 选择），还可以手动建立 Pinch 控制，过程如下：

（1）点击 Mesh，右击鼠标 Insert → Pinch。

（2）在图形区选择一个或者多个表面，一个或多个边，一个或者多个点，然后单击细节窗口的 Master Geometry 作为 Master。

（3）在图形区选择一个或多个边，一个或者多个点，然后单击细节窗口的 Master Geometry 作为 Slaver。注意表面不能作为 Slaver。

注意：

（1）Pinch 控制只对顶点和边的网格起作用，面和体对应的网格不能清除。

（2）下列网格方法支持 Pinch 控制：

① 3D 实体网格方法中的：Patch Conforming Tetrahedrons、Thin Solid Sweeps、Hex Dominant。

② 2D 面 体 网 格 方 法 中 的：Quad Dominant Surface Meshing、Triangles Surface。

7.3.5.7 网格膨胀控制（Inflation）

膨胀层网格沿着边界的法向拉伸来提供网格精度，用于解决 CFD 流体分析中的黏性边界层，electromagnetic 电磁分析中的薄层空气隙，解决结构分析中的应力高度集中区域。典型的 CFD 中，由三角形和四边形面网格作为边界网格 Boundary，再将边界网格进行边界法向的拉伸，来形成的用户所需的膨胀层。细节窗口提供多种选项控制膨胀层的增长以及网格质量。

膨胀层是在用其他方法建立了网格后的基础上才做的网格细节处理。根据原来的实体是 3D 还是 2D，能支持膨胀的网格方法分别有：如下的 3D 实体网格方法支持膨胀：Volume Meshing；Patch Conforming；Patch Independent；Sweep，并 且 Src/Trg Selection 选 项必须设置为 Manual Source、Manual Source and Target；MultiZone；CutCell。注意六面体主导的网格不能应用膨胀层。如下的 2D 面体网格方法支持膨胀：Quad Dominant；All Triangles。

（1）膨胀的细节窗口。

① Active，膨胀网格的活动状态。下列两种情况时出现 Active。

当 Suppressed 设 为 Yes，且 Active 后 面 的 框 中 显 示"No,Suppressed"。

当在不合适的网格方法上建立膨胀时，且 Active 后面的框中显示"No, Invalid Method"。

② Boundary Scoping Method，设定膨胀边界，有两种方法：

Geometry Selection 几 何 选 择，在 图 形 区 选 择 几 何 体，再 在 Boundary 单击 Apply。

Named Selection 命名选择，在 Boundary 的下拉框中选择已经定义好的命名，再单击 Enter。

③ Inflation Option，共有 5 种选项。

a.Total Thickness：总厚度。选择 Total Thickness 后，下面还有 3 个选项共同起作用，Number of layers 层数、Growth Rate 增长率、Maximum Thickness 最大厚度。

用户选择此膨胀选项后，程序使用层数和增长率，并保证所有膨胀层的总厚度等于最大厚度。

b.First Layer Thickness：第一层厚度。选择 First Layer Thickness 后，下面还有 3 个选项共同起作用，First Layer Height 第一层厚度、Maximum Layers 总层数、Growth Rate 增长率。

用户选择此膨胀选项后，程序根据以上 3 个参数创建膨胀层，并保证第一层（从膨胀边界起算）所有网格的厚度不超过 First Layer Height。

c.Smooth Transition：平滑过渡，默认选项。选择 Smooth Transition 后，下面还有 3 个选项共同起作用，Transition Ratio 过渡比、Maximum Layers 总层数、Growth Rate 增长率。

用户选择此膨胀选项后，程序使用当地的四面体单元尺寸，来计算每个当地的初始高度和总高度，以达到平滑的体积变化比。这意味着对一均匀网格，初始高度大致相同，当然对于变化剧烈的网格，初始高度也是不同的。

增加 Growth Rate，会导致整个膨胀层的总厚度减小。

Transition Ratio 过渡比：是指膨胀层最后单元层和四面体区域第一单元层间的体尺寸改变。当求解器设置为 CFX 时，默认的 Transition Ratio 是 0.77。对其他物理选项，包括 Solver Preference 设置为 Fluent 的 CFD，默认值是 0.272。另外，因为 Fluent 求解器是以单元为中心的，其网格单元等于求解器单元，而 CFX 求解器是以顶点为中心的，求解器单元是双重节点网格构造的，因此会发生不同的处理。

d.First Aspect Ratio：第一层的纵横比。选择 First Aspect Ratio 后，下面还有 3 个选项共同起作用，First Aspect Ratio 第一层的纵横比、Maximum Layers 总层数、Growth Rate 增长率。

First Aspect Ratio 是指第一层（从膨胀边界起算）当地的膨胀基尺寸与第一膨胀层的厚度之比。用户必须输入大于 0 的数值，默认是 5。

当 Inflation Option 选择为 First Aspect Ratio，Inflation Algorithm

不能使用 Post。

e.Last Aspect Ratio：最后一层的纵横比。选择 Last Aspect Ratio 后，下面还有 3 个选项共同起作用，First Layer Height 第一层的厚度，Maximum Layers 总层数、Aspect Ratio（Base/Height）纵横比。

Aspect Ratio（Base/Height）是指当地的基尺寸与膨胀层的高度之比，用户可以输入 0.5~20 的数值。如果求解器是 CFX，默认是 1.5。如果求解器 Fluent 或者 POLYFLOW，默认是 3。

用户选择此膨胀选项后，程序使用王 first Layer Height 确定第一膨胀层的高度。使用当地网格的基尺寸，再加上 Aspect Ratio（Base/Height），就可以计算每一层的高度。

当 Inflation Option 选择为 Last Aspect Ratio，Inflation Algorithm 不能使用 Post。

④ Inflation Algorithm 膨胀算法。根据所选用的网格方法的不同，Inflation Algorithm 决定采用哪种算法，选项有 Pre 和 Post 两种。

a.Pre：前处理。首先表面网格膨胀，然后生成剩余的体网格。这是所有物理类型的默认设置。注意以下 3 点。

如果要使用快捷菜单中的 Preview → Inflation，Inflation Algorithm 必须设定为 Pre。

如果 Inflation Option 设定为 First Aspect Ratio，Last Aspect Ratio，则 Inflation Algorithm 必须设定为 Pre，且是只读。

邻近面不能设置不同的层数。如果设置了不同层数，最终以最小的层数起作用。

b.Post：后处理。用户在 Inflation Algorithm 选择了 Post，那么在生成四面体网格后再进行表面网格膨胀，好处是移动膨胀选项发生了变化，不用重新生成四面体网格。注意：多体部件如果有同时使用四面体和非四面体网格划分方法，那么不能使用 Post 的膨胀算法。如果想使用 Post 的膨胀算法，同一个部件上的所有实体都必须用四面体的划分方法。

如果 Inflation Option 使用了 First Aspect Ratio 或者 Last Aspect Ratio，那么不能使用 Post 算法。

（2）使用膨胀的步骤。

用户可以在前面网格划分的基础上添加膨胀，或者使用单独的膨胀控制。

①在前面网格划分的基础上添加膨胀。添加膨胀的步骤如下:

在导航树的 Mesh 下建立一个 Mesh 方法(并且只能用上述所列举的其中一种方法),完成细节窗口的设置。

选中该 Mesh 方法,并右击鼠标,在下拉菜单选择 Inflate This Method。

选中刚刚建立的膨胀网格方法。

保持 Suppressed 选项为 No(默认是 No),表示本网格方法不进行抑制。如果设为 Yes,那么次膨胀网格被抑制,不起作用。

②单独的膨胀控制。膨胀层的 Geometry 可以选择为面或者体,与此相对应,边界 Boundary 使用相应的边或者面。

在图形区选择实体或者表面。

单击网格工具条的 Mesh Control → Inflation,从而在导航树建立 Inflation,或者右击鼠标在快捷菜单选择 Insert → Inflation。

Boundary Scoping Method 选择 Geometry Selection,然后在图形区选择合适的边或者面,最后单击 Apply。

设定 Inflation 的参数。

第 8 章

CAD/CAE 在农业机械设计中的应用

本章首先介绍了 CAD/CAE 在农业机械设计中的应用方向与策略、然后自此基础上分别介绍了 CAD 建模技术、有限元分析技术、仿真技术在农业机械设计中的应用。

8.1 CAD/CAE 在农业机械设计中的应用概述

8.1.1 CAD 在农业机械设计中的应用概述

在农业发展过程中,优化农业机械品质,是提高生产水平的关键措施,应该得到重视。CAD 技术作为现代设计技术的一种,是当前设计人员必须要掌握的技能。传统农机设计周期较长,寿命较短。应用 CAD 技术后,设计质量和效率得到提高。但在现代设计技术发展的同时,相应的设计手段也要得到进一步优化。

8.1.1.1 全过程优化设计

在进行农业机械工程设计中,需要充分考虑到各个方面的问题,在此基础上,从备选方案中选出最佳方案,尽可能满足农机设计的要求。一般情况下,在设计过程中,要根据机械设计理论、规范标准等,通过建立数学模型利用数学计算进行求解。传统设计技术中也有优化设计环节,但其适用范围具有一定的局限性,无法满足当前市场对农机提出的要求。借助 CAD 技术中的全过程优化技术,实现前后处理,明确优化结果,以此为农机工程设计提供更多的技术支持。比如,某农业机械的实际生产过程中,对所有生产的机械设备进行设计;在设计过程中,查找器会自动列出并完成零件所有命令指令,点击相应的命令就可以弹出详细的说明;制作过程可以通过动画的方式演示出来,如果零件需要修改,单击命令指令就可以进入到编辑环境。

8.1.1.2 绿色设计

绿色设计以产品的质量和生命周期为主,因此在设计过程中,主要考虑产品的环境属性,不仅满足目标需求,还要降低设备运行过程中的能源消耗。这就需要在设计时以环境指标为主要依据,科学地选择生产产品的原材料,最大限度降低能源消耗,减少其他有毒副作用。也就是在农业机械设备应用过程中,可以对材料进行回收实现重复利用,或者可以通过拆卸处理实现材料的重新再利用,以达到节约能源、提高效率的目的。比如,某农机工程生产企业选择了带有绿色理念的 CAD 软件开展设计工作,软件具有成本控制能力,能够在短时间内引导用户掌握使用设计方法。在这样的情况下,可以设计出易于拆卸的连接方法,拆卸部件的紧固件数量也会控制在最小范围内。在 CAD 技术中还包括评价决策系统,可以在模拟仿真结束后,为后续的调整提供依据,实现对有限元受力的优化控制,完成高质量、低成本、高可靠度的生产。

8.1.1.3 系统设计

当前农业机械种类较多、结构复杂,需要依靠全方位控制系统确保对农机实行精准控制。在农机设备中,执行系统、操纵系统、传动系统等都是必不可少的子系统。在 CAD 技术支持下,先分析影响运行的各种因素,进而明确问题和影响因素之间的关系,选择合适的方法对 CAD 模型进行求解,利用预测评价系统,对产品本身进行评价和修正,让系统设计得到完善发展。比如,在基础的 CAD 三维实体模型中含有方体、球体等六种基本形状,在设计时实现参数化,并且对其进行模拟仿真,让设计方案的可靠性、响应性、稳定性和适应性得到提高。CAD 技术将计算机中的软、硬件和建模技术结合,是现代技术中的一大特色。

8.1.2 CAE 在农业机械设计中的应用概述

8.1.2.1 CAE 技术发展现状

当前我国信息化技术、科学技术的蓬勃发展,促使计算机辅助工程技术也在积极创新和发展。随着社会的发展,我国政府部门逐渐认识到计算机辅助工程技术的重要性,明确了计算机辅助工程技术对国民经济建设的重要意义。在"科教兴国、人才强国"社会发展战略下,将计算机辅助工程技术融入社会各个角落。近年来,NASTRAN、ANSYS、ABAQUS、I-DEAS 等大型通用有限元件分析软件相继引入我国,我国从事 CAE 技术领域的工作人员、科研专业日渐增多,促使 CAE 技术在社会各个领域推广应用获得了较为可观的成绩。但是结合当前 CAE 技术在我国的应用情况,CAE 技术总体与局部之间协调发展不足,很多行业、局部地区还并未涉及 CAE 技术。CAE 技术还只被一部分具备经济实力的大型企业和部分大学科研机构应用,并未得到普及。

从我国农业机械领域来看,CAE 技术应用水平与发达国家相比较低,主要原因是我国自主知识产权相对较少,自主科研的 CAE 技术软件不足,造成很多农业机械企业对 CAE 技术的认识和应用仍处于基础阶段,导致将 CAE 技术融入农业机械存在一定难度。为此,CAE 技术科研机构和实力水平较高的国企必须积极承担起 CAE 技术科研应用的责任,积极将 CAE 技术融入农业机械设计,切实强化 CAE 技术应用科研水平,全面提升农业机械产品设计与制造水平,大力强化农业机械产品的生产应用安全,从而促进我国农业健康、高效发展。

8.1.2.2 CAE 技术及其在农业机械设计中的应用案例

结合农业机械设计的实际情况来看,要想使 CAE 技术与农业机械完美契合,就需要从现有方式进行详细分析,明确生产管理工作的实际要求,确保 CAE 技术在农业机械设计中的可行性。充分考虑农业生产与农业管理的需求,重点分析农业机械设计。明确农业机械设备种类,结合机械设备的实际需求,凸显 CAE 技术运用优势,有效促进农业机械设计水平提升。CAE 技术对应用环境具备一定要求,为了实现农业机械信息化的整体发展，在开展农业机械设计时，应协调运用 CAE、CAD、CAM 等技术，从而强化农业机械设备设计的稳定性、可靠性。

CAE 技术在农业机械设计中的实际应用案例较多，例如，某科研组织对某农业机械的曲轴进行了有限元分析，并且在此基础上对曲轴实施改进设计。借助 ANSYS 前处理技术构建出了曲轴三维实体模型，在网格划分之下，将划分成的结果翻译成有限元计算需要的数据信息。该科研组织机构对曲轴受拉、受压这两种情况进行了详细计算，明确了该曲轴的约束力。在此基础上借助 ANSYS 求解器，对已知应力、曲轴强度践行校验，其校验结果显示试验结果和实际结果相同，结合有限元分析计算结果，明确了该柴油机的曲轴各项参数，并且将原本柴油机曲轴材料由原来的 QT800—2 改变成 QT700—2。经过不懈的验证和分析，不仅满足了农业实际生产高效运用，还在一定程度上避免了浪费资源，全面提升了农业机械的使用成本和经济效益。

8.1.2.3 CAE 技术在农业机械设计中的应用策略

（1）明确农业机械设计标准。

CAE 技术在实际应用的过程中，可以结合农业机械设计的实际要求，明确农业机械设计标准，从而在不同情况下发挥多重作用。在信息化社会中，CAE 技术与农业机械设计相结合，不仅能强化农业机械企业的综合竞争力，还能促进农业机械设备的现代化发展，使 CAE 技术优化升级，形成良性闭环。为了真正展现出 CAE 技术在农业机械领域的功能，必须结合生产管理工作的实际情况，对 CAE 技术应用的各项环节进行辨别，借助不同类别的技术手段来调整 CAE 技术应用效率。在明确农业机械设计目标的基础上，立足农业机械的实际发展情况，规范各项农业机械技术设计要求，借助 CAE 技术促进农业生产管理升级转型。

（2）构建良好技术指导方法。

在农业机械设计中融入 CAE 技术，可以降低农业机械设计难度。借助 CAE 技术可以实现对农业机械设计的高效引导，当前 CAE 软件中添加了机械专业功能，并且已经成为农业机械设计中的重要内容，可以有效实现个性化的农业机械设计管理。参照农业机械设计管理标准，完善各类仿真设计系统。CAE 技术可以让农业机械设计各个阶段、各项设计标准清晰化，通过界面管理的形式，将农业机械设计与管理结合。

了解农业机械设计的整体需求,真正对农业机械设备进行指导,从而简化烦琐复杂的农业机械设计程序,真正实现智能化设计要求。

（3）强化动态模拟分析效率。

从农业机械实践应用的层次来看,农业机械运转的过程中一般存在诸多问题,为了切实有效解决这些问题,技术人员一般会采取大量的试验分析方法。但是由于经费有限,可以借助 CAE 技术手段实施动态化的农业机械应用分析,进而解决农业机械在实际应用中存在的问题。例如,在联合收割机运行的过程中,共振现象会造成电子设备发生毁损,直接干扰联合收割机的高效实用,而借助 CAE 技术动态化模拟分析系统,可以优化不同结构尺寸的震动频率数据,最终促使系统频率与工作频率重合。在动态化应用数据捕捉与分析的基础上,及时发现问题并解决问题,从而实现农业机械的高效运转。

8.2 CAD 建模技术在农业机械设计中的应用

8.2.1 CAD 技术在农业机械模具中的应用

在农业机械设备生产中,农业机械模具是其中重要的生产设施。农业机械想要实现流水化、大规模的生产就必须先设计好各种精确的模具,再利用模具来生产农业机械设备的相关零部件。这些零部件直接关系着农业机械设备的质量,因此,不能出现丝毫误差,这对农业机械模具的要求亦是如此。因此,CAD 设计比手工设计来说,更具有精确性,除了二维设计图之外,还可以看到三维的设计效果。即便是对模具的外观不满意,也可以在 CAD 中进行快速更改。尤其当前 CAD 软件中还可以拓展更为丰富的功能,如进行动力学、有限元等的模拟分析测试,使得设计更为严谨,确保设计出来的产品能够直接投入使用。另外,CAD 中所导出的数据、图片、模型都可以在网络上进行传输,相应的,生产效率也得到了提高。

8.2.2 CAD 技术在农业机械车身中的应用

农业机械的零部件设计出来之后，就需要对零部件进行组装，这就需要根据不同农业机械的功能要求来设计相应的机械结构和外观。农业机械的结构和外观非常重要，不同功能的农业机械在结构外观上差别很大。像插秧机和水稻收割机就会因为其功能的不同而必须进行不同的结构设计。一般来说，车身的 CAD 技术建立在 PDM 基础之上。PDM 是一种集成技术，简单来说，就是这一技术将很多零散的内容组织在一起，可以利用这一技术来进行合成设计。它包含了用户群体、应用群体、系统和环境处理等多个方面的集合内容。在进行农用机械设计时，就可以将购置的以及设计的相关零部件的设计内容导入到软件中。由于数据量庞大，就特别需要该技术提供数据管理的支持。同时，在设计时，该技术还可以提供相应的数据分析、数据操作，大大方便了车身结构外观的设计，提高了工作效率。另外，其异构环境层提供了集成所需的网络平台、操作系统平台等。这就可以实现在 CAD 中进行多种平台的合作应用，构建更为完善的 CAD 数据库。很多数据不用堆积在 CAD 软件中，也减轻了 CAD 软件在进行设计工作时的负担，提高了软件的运行效率。

8.2.3 CAD 技术在农业机械底盘中的应用

农业机械设计的中，底盘的设计是非常重要的一环，其关系着农业机械的实际应用效果。在设计时，底盘的设计要和机械的功能、机械的车身构造相配，在三位布局的情况下进行设计。CAD 软件可以很好地实现这种 3D 设计，可以利用三位坐标轴完成设计。首先是要建立相应的数学模型，然后再检查位置以及模拟运动情况。这些都是提高农业机械底盘性能的重要过程。

8.2.4 智能 CAD 技术在农业机械设计中的应用

智能 CAD（Intelligent Computer Aided Design，ICAD）将人工智

能(AI)的理论和技术与 CAD 相结合,使计算机具有支持人类专家的设计思维、推理决策及模拟人的思维方法的能力,从而把设计自动化推向更高层次。

在农业机械设计中引入 ICAD 技术,可以解决农业机械企业中重复性设计多、信息资源利用率低的难题,缩短产品开发周期,具有巨大的经济效益和应用前景。

ICAD 技术主要研究三方面问题:设计知识的表示与建模方法、知识利用和 ICAD 体系结构。方案设计(或称概念设计)与支持变型设计的装配建模是 ICAD 技术中的两个重要环节。本节介绍目前支持概念设计与变型设计的 CAD 理论和方法,以犁的智能设计系统为例说明 ICAD 技术在农业机械设计中的实现方法。

8.2.4.1 产品概念设计及关键技术

概念设计是从产品开发需求到功能原理解的映射过程。为完成从需求到概念产品解的设计过程,产品概念设计要通过需求分析→需求形式化→辨别、抽象问题→过程分解→功能分解→子功能分解→功能元分解→原理解答搜索→原理解答组合→方案评价等一系列推理步骤,得到概念产品方案的 CP 概念设计阶段有这样几个特点:①以产品功能信息为主要处理对象,功能表示、维护和推理是概念设计阶段的核心问题;②产品的几何信息不完全,为表示不完全的几何信息,要对传统的几何造型方法进行改造,以便表示抽象几何信息;③对整个设计过程来说,设计对象随着设计过程不断细化,要求 CAD 系统支持渐进设计和 Top-down 设计方式;功能信息和几何信息反映设计对象的不同侧面,CAD 系统要解决这两种技术的兼容性和相互转化关系。

计算机对概念设计阶段进行支持,主要包括以下几项关键技术。

(1)产品信息建模和功能推理技术。

现有的 CAD 信息建模技术中,几何信息占有统治地位。随着信息建模技术的发展,这种现象在逐渐发生变化。在支持概念设计的建模技术中,功能信息应代替几何信息占主导地位。因为几何信息的构筑对象是零件,信息只能隶属于零件,而功能往往表示两个以上零件相互作用的结果。为了与后续设计过程相兼容,几何信息在概念设计阶段的产品信息建模中也必不可少。

在概念设计阶段的集成产品信息模型中综合了功能、几何和设计意图建模技术。为方便设计修改和变型设计,在概念设计阶段产品信息建模中还要考虑到设计意图建模。设计意图记录了设计人员的思维过程,包括功能到功能的分解、功能到结构的转化和结构约束求解过程,描述了满足设计需求的几何形状和技术参数是如何产生和确定的。

(2)设计全过程的集成。

设计是一个渐进和反复的过程,对于支持设计全过程的 ICAD 系统应具有以下特征:

①要支持 Top-down 设计方式,就必须以概念设计得到的草图为基础进行后续设计。在后续设计中,前一步设计方案将成为约束来推动后续设计的进行。

②设计意图在一定程度上反映了设计对象的整个历史过程,因此设计意图信息在设计过程中的继承使设计人员随时针对某个零件或结构调整其设计意图,从而方便修改和再设计。

③要支持 Top-down 设计方式,面向装配的建模技术是必需的,为支持从概念设计到详细设计的全过程,不同设计过程的几何建模技术应互相兼容。

8.2.4.2 支持变型设计的 CAD 理论和方法

变型设计是关于设计方法和过程的一种分类定义,是指提取已存在的设计和设计计划、作特定的修改以产生一个和原设计相似的新产品。Pahl 和 Beitz 最早将设计分为初次设计(original design)、适应设计(adaptive design)和变型设计(variant design),并指出在实际的设计工作中大约 70% 属于适应性设计和变型设计。变型设计如此重要,要求 CAD 系统能够支持这种设计方法,但目前 CAD 系统对这种设计方法的支持程度还十分有限,因而有关变型设计的理论和方法成为 CAD 技术研究的一个重点。目前支持变型设计的理论和方法主要有以下几种。

(1)基于装配模型的变型设计理论。

目前的 CAD 系统建立产品几何模型是从零件建模开始的,这种方法难以表达产品的功能信息、装配信息和设计意图。装配建模旨在建立完整的描述产品装配信息的数据模型,不仅表达零件几何信息,还可以通过零件之间的装配关系反映产品的功能要求和设计者的设计意图。

常用的描述零件之间装配关系的数据模型有两种：关系模型和层次模型。装配模型比较符合人们的自然设计过程，是一种良好的变型设计方法。近年来国内外对装配模型及建模方法进行了深入的研究，但目前还未形成完整的理论体系和实用的建模手段。

（2）模块化变型设计。

模块化设计是以功能分析为基础，通过功能相同而用途不同的各模块组合实现各种基型产品和变型产品。模块化设计可以使产品设计制造周期大大缩短，使产品具有更大的灵活性和适应性，使产品具有很强的市场竞争力。

模块化设计是建立在模块的定义和组织管理基础上的，对特定的产品模块的划分、模块与模块之间的装配关系是预先确定的，不能随意改变，因而限定了其使用范围。

（3）基于特征的变型设计理论。

特征设计是面向产品设计和制造的全过程，以几何模型为基础并包括零件设计、生产过程所需的各种信息的一种产品模型方案。它允许设计者通过组合常见形体(如槽、筋凸台、键槽等)来完成产品的设计，而不是抽象的点、线、面。系统提供用不同属性值实例化特征的能力，一般常用的形状特征由系统特征库提供，许多系统还可由用户自定义特征扩展特征库。

特征技术的发展给产品变型设计提供了一种手段，用户通过对一系列特征的实例化和特征自动维护达到产品变型设计的目的。特征技术存在的问题：①用户设计必须采用系统预定义的特征设计产品，使概念设计、技术设计完全受加工方法的限制；②特征设计用于变型设计时，一般和参数化相结合，但特征间的交互作用对特征的影响和设计过程特征有效性的维护，是这种方法的致命缺陷。

（4）基于参数设计和变量设计的变型设计。

参数设计一般是指设计对象的结构形状比较定型，可用一组参数来约定尺寸关系。

生产中常用的系列化、标准化设计就是属于这种类型。变量设计使设计对象的修改需要更大的自由度，通过求解一组约束方程来确定产品的尺寸和形状。

参数设计和变量设计适用于产品的初始设计和定型设计，使产品设计图纸可随某些结构尺寸的修改和环境变化而自动修改。在变量设计中须着重考虑的是约束满足问题（Constraint Satisfaction Problerm，CPS），设计一个高效的约束求解器是变量设计的难点。目前国内外基于约束的变量设计方法的实现方案有数值约束求解迭代法、基于规则的几何推理法和基于构造过程的方法。

（5）基于实例推理技术的变型设计理论。

国内外基于实例推理技术（Case-Based Reasoning，CBR）研究分为两类，一是设计支持系统，该系统是一个浏览器，提供给用户众多实例，按新的设计要求自动选取一些实例供用户选择，实例修改由用户和系统交互完成；另一类是自动设计系统，希望找到自动修改实例的方法。

以上变型设计理论和方法均不同程度地解决了变型设计中一些重要问题，达到一定目的要求。有待进一步解决的问题：研究能够表达设计意图、支持产品设计全过程的产品数据管理技术；提供对已有产品资源的有效组织和管理手段和多层次的变形方法，充分利用企业现有资源；研究有效的支持变型设计的人机协作环境。

8.2.4.3 基于 PDM 的犁 ICAD 系统

目前使用的 CAD 系统，大部分不易实现对 CAD 过程的集成和支持，无法实现各类信息集成。要从根本上解决这些问题，较好的办法是实现基于产品数据管理（PDM）与 CAD 的集成。PDM 是一门管理与产品相关的"数据信息"和与产品相关的"生产过程"的技术，包括产品的 CAD/CAM/CAE 的文件、材料清单（BOM），以及加工工序、有关批准权、使用权、工作流程程序等

基于产品数据管理（PDM）型的 ICAD 系统由 3 个部分组成：设计专家系统、产品数据管理和犁的 CAD，设计专家系统用于犁的参数化设计过程中参数的选择和装配图装配合理性的判断，PDM 主要管理与犁的辅助设计相关的数据和文件以及专家系统知识。

（1）系统结构。

型的 ICAD 系统主要研究 PDM 和智能技术在犁的 CAD 设计系统中的应用。该系统结构如图 8-1 所示，主要包括设计专家系统、产品数据管理（PDM）和犁的 CAD。

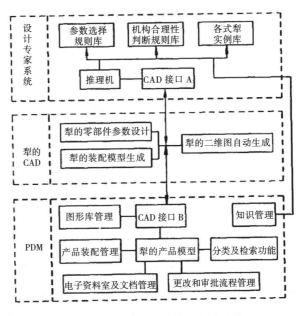

图 8-1 犁的 ICAD 设计系统结构

从图 8-1 中可以看出三者之间的通讯主要通过接口相连。犁的计算机辅助设计过程中所需的参数选择、犁实例的选择、装配的验证都通过接口 A 向设计专家系统提出申请,并通过接口 A 传递推理过程中所必需的数据,设计专家系统推理完成的结论通过此接口进行检查并解释成犁的计算机辅助设计可以理解的语句,然后转给犁的计算机辅助设计程序。接口 B 的主要作用是 PDM 通过此接口提取相关产品信息和相关的设计文档资料,并通过此接口对犁的计算机辅助设计相关信息和过程进行管理。主要通过 PDM 来管理和维护设计专家系统中知识库的知识。

(2)设计专家系统。

犁的设计专家系统包含基于规则的产生式推理系统和基于实例的推理系统(CBR)。基于规则的产生式推理系统由产生式规则和混合推理机组成,主要用于犁的参数化设计过程中参数的选择和装配完成后装配合理性的判断。基于实例的推理系统主要用于犁的型号选择和犁的 CAD 草图生成,它包括设计实例的描述和实例回忆与调整的过程模型。

实例库是 CBR 系统的基础,其中保存相当数量犁的设计实例,即设计问题求解范例及经验形式化描述,以面向对象的方式组织设计实例和模块,将系统所需知识从具体抽象到一般类定义,并将数据处理方法等有关知识封装在一起,使系统数据结构易于扩展和维护。犁的具体实例作为类的实例构成了机械设计的具体对象。对象分类表达及继承特性提高了知识模块的重用性,减少了知识表达的冗余和潜在冲突。实例回忆是查找相关设计经验的过程,包括实例索引、检索和实例选择等过程。实例调整是完成新设计任务的关键步骤,需要识别所选实例与新设计问题之间的差异,适当修改设计实例以满足新问题的技术要求。

（3）产品数据管理。

PDM 的主要功能为电子仓库（Vault）和文档管理、过程／工作流程管理、产品结构管理、产品配置管理、设计检索与零件库、项目管理、工具和集成功能。

该 PDM 子系统从设计角度考虑主要包括产品对象管理模块、知识管理模块和图形库管理模块,其中产品对象管理模块又分为基于图形文件的产品管理模块和基于产品对象模型的管理模块,产品对象模型包括产品模型模块（零件、部件和产品）和装配模型模块；知识管理模块主要用于增加、删除和修改设计专家子系统中知识和实例；图形库管理模块包括图形库和图形库管理,图形库中存储犁设计中零件的各种标准件和犁的部件设计模块。

犁的 PDM 核心部分主要是建立产品模型,即建立产品对象模型管理系统,实现产品对象库零部件综合信息的管理,以产品零部件为基本数据单元组织文档,控制产品对象与文档的版本。产品模型是指在给定产品的整个生命周期内,与该产品有关的所有信息的逻辑集成,是产品所有信息经抽象整理后建立的数据集合。产品建模的关键在于对系统数据间的相互联系表达一致。本系统主要采用基于装配的产品建模方法,以面向对象的方式集中地表达机械产品的功能、性能、结构数据和关系数据,通过集成和封装,保证产品数据的重用性和可扩充性,有利于产品数据在产品设计、制造和管理各阶段的可用性。

（4）犁的 ICAD 系统。

犁的 ICAD 系统包括犁的零部件参数化设计模块、二维图自动生成模块和产品自动装配模块。对犁进行参数化辅助设计,需要对每一个零部件和整机进行设计和三维造型,并按照一定的装配规则进行组合。犁由上百个零部件组成,翻转犁按照功能和装配顺序可以拆分为犁架、头

8.3　有限元分析技术在农业机械设计中的应用

8.3.1 结构静力分析

结构静力分析用来分析由于稳态外部载荷引起的系统或部件的位移、应力、应变和力。静力分析很适合于求解惯性力及阻力的时间相关作用对结构响应的影响并不显著问题。这种分析类型有很广泛的应用，如确定结构的应力集中程度或预测结构中由温度引起的应力等。

静力分析包括线性和非线性分析。线性静力分析中忽略了惯性效应，初始状态下模型的响应由线弹性模型确定；对于超弹性或泡沫材料则采用初始状态；接触问题的接触状态在计算时间步中不发生变化。非线性静力分析则用于解决材料、几何或边界条件之一或多个为非线性的问题，所分析问题与时间无关，通常其迭代增量步由程序自动控制，增量步表示载荷 / 变形时的增量而非时间增量。

8.3.2 结构动力分析

结构动力分析一般包括结构模态分析、谐响应分析，瞬态动力学分析。结构模态分析用于确定结构或部件的振动特性（固有频率和振型）。它也是其他瞬态动力学分析的起点，如谐响应分析和谱分析。

结构模态分析中常用的模态方法有子空间法（Subspace）、分块的兰索斯法（Block Lanczos）、Power Dynamic 法、豪斯霍尔德法（Reduced Householder）、Damped 法和 Unsysm-metric 法。

谐响应分析用于分析持续的周期载荷结构系统中产生的持续的周期响应（谐响应），以及确定线性结构承受随时间按正弦（简谐）规律变化的载荷时稳态响应的一种分析方法。这种分析方法只计算结构的稳态受迫振动，不考虑发生在激励开始时的瞬态振动。谐响应分析是一种线性分析，但可以分析有预应力的结构。

瞬态动力学分析（时间历程分析）是用于确定承受任意随时间变化

载荷的结构的动力学响应的一种方法。可用瞬态动力学分析方法确定结构在静载荷、瞬态载荷和简谐载荷的随意组合作用下的随时间变化的位移、应变、应力及力。由于载荷和时间的相关性,分析中惯性力和阻尼的作用比较重要。瞬态动力学分析主要采用直接时间积分方法,该方法功能强大,允许包含各种类型的非线性。直接时间积分方法主要有 Houbolt 法、Wilson 法和 Newmark 法。

8.3.3 热分析及热应力分析

热分析用于计算一个系统或部件的温度分布及其他热物理参数,如热量获取或损失、热梯度和热流密度(热通量)等。热分析在许多工程应用中具有重要的作用,如内燃机、涡轮机、换热器、管路系统和电子元件的热分析等。物体热分析包括热传导、热对流及热辐射三种传递形式。此外,在一些 CAE 软件中,热分析还包括相变分析、有内热源及接触热阻等问题的分析。热分析的有限元方法一般基于能量守恒原理的热平衡方程,计算各节点的温度,并导出其他热物理参数。在热分析的有限元方法中,常用的初、边值条件有温度、热流率、热流密度、对流、辐射、绝热和生热等。

8.4　仿真技术在农业机械设计中的应用

虚拟样机技术是随着计算机技术的发展而出现的一种计算机辅助工程技术。设计者可以在计算机上建立样机模型,根据具体研究的目的对样机进行结构分析和动力学分析,然后改进设计方案。用数字化模拟代替传统的物理试验。运用虚拟仿真技术,可以缩短产品开发周期,降低成本、提高产品质量和性能,得到最优化的创新产品。下面以基于 MDT 和 Working Model 3D 的精密排种器三维动态设计为例进行阐述。

在精密排种器研究中,传统的设计方法是:设计→制造→台架实验→改进→田间试验→再改进的研制过程。这需要理论分析、试验研究和制造过程,不但浪费人力、物力,而且研制周期长、费用高。如何减少研制费用,加速开发进程,一直是国内外亟待解决的问题。

本例以内窝孔式小麦精密排种器的三维建模和动态仿真为例,介绍运用三维造型软件 MDT 和动态仿真软件 Working Model 3D 进行虚拟样机造型和动态仿真的方法。

8.4.1 小麦精密排种器的计算机建模

内窝孔式小麦精密排种器是一种设计思想新颖的新型排种器,它的各种结构参数都没有现成的经验可以借鉴,本例采用 MDT 的参数化技术、智能化尺寸驱动技术以及表格驱动技术来设计内窝孔轮,从而使内窝孔轮的主要结构参数成为可变的、可驱动的,这样就可以从已经建立的一系列模型中得到较优的设计。

8.4.1.1 分析模型

在 MDT 中建立内窝孔轮的模型之前,先对内窝孔轮的整体结构进行构思,对所有尺寸进行分析和命名,同时也对排种器整体的装配关系和各部分之间的配合进行设计。利用 MDT 的参数化和表格驱动功能,先定义好变量,并且赋给一定的初值,作为建立模型的基础。

8.4.1.2 立模型

在 MDT 中建立模型的过程是很直观的,也很符合设计人员的设计思维。模型的最基本元素是草图,草图是构造一个模型的框架,先在平面上画出需要的草图,然后通过 MDT 建模的功能操作(如拉伸、切削、抽壳、扫掠、放样等)可以很方便地用二维图形生成三维立体空间的模型。通过简单的圆形草图,经过拉伸之后可以得到内窝孔轮的毛胚,然后进行特征加工设计。首先确定出填充孔的工作平面,拉出填充孔。然后定出内窝定量孔的工作平面,这需要转过一定的角度,切出内窝孔。中间排的填充孔和内窝定量孔以此类推。得到合适的特征后,进行圆形阵列,分别阵列出 34 个孔。

要完成内窝孔轮的最后成型,还要进一步处理。给所有的边缘加工圆角,同时加上渲染颜色。这样建立的模型不但立体感鲜明,而且还有较强的金属质感。

8.4.1.3 建立模型的工程图

模型建立完成以后，需要建立工程图纸来指导生产。借助 MDT 的工程图工具可以很容易地生成工程图纸。

图纸经过修改以后，再加上局部视图就可以输出打印了。MDT 生成的工程图虽然没有 HMCAD 生成的二维图纸那样方便，修改起来也略微显得繁琐一些，但是其强大的三维功能和实时更新功能让用户感到更加方便和直观。

8.4.2 用 Working Model 3D 进行排种器三维动态仿真

用 MDT 生成的排种器模型的结构是否合理、各部分结构是否合理、内窝孔轮与壳体之间的装配是否有干涉，当内窝孔轮内部充种时种子的运动情况如何等一系列的问题，在以前看来不通过试验是无法解决的。由于计算机技术的飞速发展，计算机软件的推陈出新，在计算机上模拟机构运动和动力学分析的设想成为现实，通过 Working Model 3D 软件可以使运用 MDT 生成的排种器模型在屏幕上严格地按照牛顿力学规律运动。

8.4.2.1 用 MDT 建立内窝孔轮和壳体模型

由于计算机的硬件条件及软件功能所限，在仿真的过程中如果内窝孔轮上的窝孔过多或种子过多都会严重影响仿真的速度。因此，此次动态仿真的内窝孔轮只有单排孔、孔数只为原型的一半，并且还将一些过于复杂的局部细节简化。

在 MDT 中把内窝孔轮和壳体的模型装配起来，可以得到比较直观的装配图，如果两填充孔中，进入内窝定量孔中，随着内窝孔轮的转动排出壳体。

8.4.2.2 同时跟踪一粒种子的位移、速度、加速度的动力学仿真分析

种子在排种器中的运动属于散粒体力学的范畴，要得到种子运动的具体情况是一件非常复杂和繁琐的事情，因此在实际的研究中，作了一

些假设,把种子的运动简单化了。

在 Working Model 3D 中可以方便地得到任何部位的位移、速度、加速度、力、力矩等物理量。可以清楚地知道研究对象的状态,这对于设计是大有帮助的。

仿真过程中跟踪了一粒种子,并且显示出每一时刻该种子的位移、速度、加速度。从图中可以更直观、更准确地得到种子的运动状态,其每一时刻对应的物理量可以输出成文本文件以方便数据处理。

8.4.2.3 对多粒种子的运动仿真

由于在实际排种器工作时,种子的数目是巨大的。单靠几粒种子并不能准确地反映出排种器实际工作的情况,因此可增加种子数量,来检验 Working Model 3D 对于群体的仿真能力。当种子的数目增大到 30 粒的时候,仿真的速度出现了明显的停滞现象,同时在屏幕的下方出现进度条,说明计算量过大,这说明 Working Model 3D 主要是用于机构的运动学仿真,如用于散粒体的动力学仿真,还需在更高速的、性能优良的计算机上进行。

8.4.3 设计分析

从以上的建模与仿真的情况来看,MDT 可以建立起智能尺寸驱动的三维模型,Working Model 3D 则可以让 MDT 建立的三维模型按牛顿经典力学的规律运动起来。因此,在机械设计的过程中,有很多需要分析运动情况的场合都可以运用这两个软件辅助设计。

本例运用 MDT 建立了排种器模型,并且生成了工程图,用 Working Model 3D 仿真来代替部分试验,仿真结果表明内窝孔式小麦精密排种器的原理可行、结构合理。与直接试验验证的方法相比,可以节约大量的试验经费、缩短开发周期。同时在仿真中还可以跟踪种子的位移、速度、加速度,为研究排种器内腔中种子群体的运动情况提供了一种有力的手段。随着科技的发展,软件的升级和高性能计算机的涌现,基于 Working Model 3D 软件的机械设计方法将不断完善。

参考文献

[1] 范淇元,覃羡烘.机械 CAD/CAM 技术与应用 [M].武汉：华中科技大学出版社,2019.

[2] 练章华.现代 CAE 技术与应用 [M].北京：石油工业出版社,2018.

[3] 刘浩,刘胜兰,张臣.CAD 技术及其应用：MATLAB 版 [M].北京：北京航空航天大学出版社,2018.

[4] 王伟,张虹.机械 CAD/CAM 技术与应用 [M].2 版.北京：机械工业出版社,2015.

[5] 王书亭,黄运保.机械 CAD 技术 [M].武汉：华中科技大学出版社,2012.

[6] 杜静,何玉林.机械 CAD/CAE 应用技术基础 [M].2 版.北京：机械工业出版社,2008.

[7] 陈志,杨方飞.农业机械数字化设计技术 [M].北京：科学出版社,2013.

[8] 高伟强,成思源,胡伟,等.机械 CAD/CAE/CAM 技术 [M].武汉：华中科技大学出版社,2012.

[9] 王定标,郭茶秀,向飒.CAD/CAE/CAM 技术与应用 [M].北京：化学工业出版社,2013.

[10] 乔立红,郑联语.计算机辅助设计与制造 [M].北京：机械工业出版社,2014.

[11] 李广云,李宗春.工业测量系统原理与应用 [M].北京：测绘出版社,2011.

[12] 王学文.CAD/CAM 原理与技术 [M].北京：中国铁道出版社,2014.

[13] 蔡颖,薛庆,徐弘山.CAD/CAM 原理与应用 [M].北京：机械

工业出版社,2011.

[14] 杨亚楠,史明华,肖新华 .CAPP 的研究现状及发展趋势 [J]. 机械设计与制造,2008（7）: 223-225.

[15] 任军学,田卫军 .CAD/CAM 应用技术 [M]. 北京：电子工业出版社,2011.

[16] 谢颖,温小明 .CAD/CAM 软件应用 [M]. 北京：北京理工大学出版社,2014.

[17] 庄苗,柳占立,成斌斌,等 . 扩展有限单元法 [M]. 北京：清华大学出版社,2012.

[18] 胡坤,李振北 .ANSYS ICEM CFD 工程实例详解 [M]. 北京：人民邮电出版社,2015.

[19] 王宗彦,李文斌 .CAD/CAM 技术 [M]. 北京：电子工业出版社,2014.

[20] 王伟,张虹 . 机械 CAD/CAM 技术 [M].2 版 . 北京：机械工业出版社,2015.

[21] 金宁,周茂军 .CAD/CAM 技术 [M]. 北京：北京理工大学出版社,2013.

[22] 葛友华 .CAD/CAM 技术 [M].2 版 . 北京：机械工业出版社,2013.

[23] 何法江 . 机械 CAD/CAM 技术 [M]. 北京：清华大学出版社,2012.

[24] 吴淑芳,陆春月 . 机械结构三维参数化建模与开发 [M]. 长春：吉林大学出版社,2013.

[25] 刘继红,王峻峰 . 复杂产品协同装配设计与规划 [M]. 武汉：华中科技大学出版社,2011.

[26] 袁泽虎,戴锦春,王国顺 . 计算机辅助设计与制造 [M]. 北京：中国水利水电出版社,2011.

[27] 蔡长韬,胡光忠 . 计算机辅助设计与制造 [M]. 重庆：重庆大学出版社,2013.

[28] 苗鸿兵 . 计算机辅助机械系统概念设计 [M]. 北京：电子工业大学出版社,2010.

[29] 刘军 .CAD/CAM 技术基础 [M]. 北京：北京大学出版社,2010.

[30] 熊麟. 红层找水钻机的研制及主要零件 ANSYS 分析 [D]. 成都：成都理工大学，2005.

[31] 胡新宸. 基于 OpenGL 的医学图像三维可视化平台的设计与实现 [D]. 厦门：厦门大学，2013.

[32] 王焕. 基于 CT 图像处理技术的冻融岩石细观损伤研究 [D]. 西安：西安科技大学，2020.

[33] 刘涛. 基于 BIM 的装配式建筑预制构件的特征造型应用研究 [D]. 石家庄：石家庄铁道大学，2019.

[34] 李福杰. 数字化设计技术在农业机械设计中的应用 [J]. 山东农机化，2014（04）：31.

[35] 汪莉. 浅析 CAD 技术的发展与应用 [J]. 科技信息，2012(24)：486-487.

[36] 张震，郑檩，张雷，等. 自动涂胶系统胶枪的热分析 [J]. 科技和产业，2021，21（02）：243-248.

[37] 徐广生. 摆线轮齿廓强度有限元分析在农业机械设计中的应用 [J]. 江西农业，2019（20）：122.

[38] 都晨. CAD 技术在农业机械工程设计中的应用分析 [J]. 现代农机，2020（05）：26-27.

[39] 葛邵飞，谢晓尧. 基于 APDL 桥梁参数化有限元分析方法研究 [J]. 计算机应用与软件，2015，32（10）：273-275+319.

[40] 杜江，王立坤，黄勇. 大型灌区矩形多纵梁渡槽结构分析与优化 [J]. 农机化研究，2015，37（05）：66-70.